질문이 이어지는

천문 실험 활동

- 태양계를 중심으로 -

최승언 · 지명근 공저

교육과학사

* 본 도서는 2014년 서울대학교 사범대학 간접비 연구지원사업에 의하여 지원받아 간행되었음.

본서는 저자 중의 한 분인 지명근 선생님의 권유로 처음 시작되었다. 아마도 지명근 선생님께서 경기과학고등학교에서 지구과학을 교수하면서 천문 실험에 대한 갈증을 많이 느끼셨을 것이다. 본서에 있는 활동들은 그렇게 해서 탄생한 것이다. 그러나 본서에서 다루고 있는 대부분의 활동은 이미 대학에서 지구과학교사가 되고자 하는 예비교사들이 천체지구과학(일반천문학)을 수강하면서 실험으로 수행하는 활동들이다. 여기에 있는 활동들은 주로 천문학의 여러 내용 중에 태양계의 태양 및 다른 행성과 관련되어 있는 중요한 물리량에 대한 것으로, 천문학자들의 과학보다는 중등과학 수준의 학교 과학(school science) 수준에서 태양계와 관련된 의문 혹은 문제들을 해결하는 방식을 취하였다.

활동의 첫 시작은 중학교 과학 교육과정에 있는 '지구의 반지름 구하기'이다. 그러나 우리는 이 활동을 다루면서 왜 '지구의 반지름 구하기' 활동이 중요한가에 대하여는 생각해 보지 않았다. 따라서 본서의 첫 장은 바로 이러한 질문을 바탕으로 전개하여 과거 인류가 어떻게 이와 관련된 활동들을 하였는지를 다루었다. 이제 지구와 가까운 달의 물리량을 어떻게 구하였는지에 대한 질문이 자연스럽게 일어난다. 당연히 지구에서 관측할 수 있는 천문 현상들이 이용되어야 할 것이다. 달과 관련되어 쉽게 관측되는 자연 현상이 달의 위상 변화이다. 그리고 더 나아가 월식과 일식 현상이다. 이렇게 달과 관련된 자연 현상을 관측하여 얻을 수 있는 몇 개의 물리량은 달의 거리와 크기를 구할 수 있게 해 준다. 물론 이때 중등학교 교육과정에서 배운 수학 내용이 이용된다. 수학은 자연의 현상을 묘사하는 언어이고, 이를 잘 사용하면 여러 가지 과학적 사실을 알아 낼 수 있다. 이러한 활동을 하다 보면 때로는 적절한 가정도 필요하고, 모르는 물리량이지만 꼭 필요한 물리량을 알아야 문제를 해결할 수가 있다. 따라서 이 모르는 물리량은 어떤 방법으로 해결해야 하는지를 학교과학의 수준에서 고안해 볼 필요가 있다. 이렇듯 본서는 질문과 문제 해결, 그리고 새롭게 일어나는 질문들과 이 질문들을 다시 학교 과학의 수준에서 해결하는 방식으로 기술하였다. 따라서 여기서 제시하는 활동들은 모두 연결되어 한 덩어리로 되어 있지만 개별 활동의 연계성을 파악한 교수자(敎授者)가 학습자(學習者)에게 개별적으로 수행하게 하여도 좋은 과학 활동이다. 전체를 다 수행하면 하나의 커다란 과학프로젝트도 될 수 있다.

본서에서는 계산의 편이를 위하여 컴퓨터 프로그램인 Excel을 사용하였다. Fortran 언어, C 언어, Java 언어들과 같은 컴퓨터프로그램 언어를 모르더라도, 이 프로그램에서 사용되는 스프레드시트(spreadsheet)에서 모든 계산을 하고 그래프를 완성할 수 있다. 그리고 이러한 언어를 사용하여 계산하기 위하여 코딩(coding)을 하게 되는데, Excel의 스프레드시트를 이용하면 이러한 코딩과정을 어느 정도 익힐 수 있다. 더구나 빠른 시간 안에 계산 결과를 이용할 수 있기에 중등학교 교육과정에서 '과학하기'를 수행하는 데 많은 도움이 된다. 이렇게 과학에서의 Excel 이용을 어느 정도 훈련할 수 있는 것이 본서의 특징 중에 하나이다.

또 하나의 다른 특징은 학교에서 쉽게 접할 수 있는 망원경과 DSLR 사진기를 이용하여 천문 현상을 촬영할 수 있고, 더구나 천문 현상 관측 자료를 생성해 낼 수 있다는 것이다. 이러한 관측 자료를 바탕으로 본서에 제시된 활동들을 수행할 수 있기에, 본서를 가지고 천문에서의 관측 관련 연구를 수행하는 훈련을 할 수 있다.

본서를 위하여 실제로 본서에 제시된 활동들을 수행해 보고 조언을 해준 서울대학교 지구과학교육과 학부 및 대학원 학생들에게 감사하고, 이 책의 출판을 기꺼이 허락해 주신 교육과학사에도 감사를 드린다.

2016년 1월 10일

최승언

차 례

01 태양, 지구, 달의 크기와 거리 사이와의 관계

1) 태양과 달

그리스 신화를 보면 태양과 달은 제우스와 레토 사이의 쌍둥이 아들과 딸이라고 나와 있다. 이 두 천체를 쌍둥이 남매로 묘사한 것은 그리스인들이 이들 천체를 보았을 때에 그 천체들의 특징과 관련지은 것으로 보인다. 일반적으로 사람들은 형제와 같은 혈연관계가 있다면 그들 사이에 어떤 공통된 특성을 가지고 있을 것이라는 생각을 한다. 그러나 역으로, 공통된 특성을 가지고 있다면 이들은 혹시 혈연관계가 있지 않을까 하는 생각을 하기도 한다. 그리고 그 특성이 서로 유사할수록 혈연관계는 좀 더 가까울 것이라고 생각한다. 이러한 유추를 바탕으로 생각한다면 태양과 달이 그리스 신화에서 쌍둥이 남매 신(神)으로 묘사될 만큼 지구 위의 사람들에게 아주 비슷하게 보였다는 것이다.

[그림 1-1] 태양신인 아폴로와 달의 여신인 아르테미스가 그려진 그리스의 미술품

태양과 달을 유사한 천체로 보는 시각은 그리스 신화뿐 아니라 호랑이에 쫓기다 동아줄을 타고 하늘로 올라가서 해와 달이 된 남매에 관한 우리나라 전래의 〈해님과 달님〉이라는 동화에서도 나타난다. 이처럼 남매 또는 쌍둥이 남매처럼 닮은 것으로 생각되었던 달과 태양은 지구에서 보기에도 가장 닮아 보이는 천체이다.

[그림 1-2]의 사진과 같은 모습은 우리가 실제로 볼 수 있는 모습은 아니다. 그러나 태양이 뜨기 전 달이 뜨는 모습을 먼저 찍은 후, 태양이 뜬 후의 모습을 찍어 합성한 것이다. 이 사진이 만들어진 경위가 어떻든 간에, 같은 장소에서 찍은 태양과 달의 모습을 함께 볼 수 있다는 것이 중요하다. 이 사진 속 두 천체의 모습은 보이는 크기가 무척이나 비슷하고 그 움직임도 아주 유사하게 보여서 정말 쌍둥이처럼 보인다. 태양이 낮을 주관한다면 보름달은 밤을 주관하는 천체처럼 보인다.

[그림 1-2] 달과 태양을 동일한 시간 간격으로 찍어서 합성한 사진. 달과 태양의 크기에 주목하라.

이렇게 비슷해 보이는 두 천체는 실제 크기도 비슷할까? 만약 크기가 다르다면 얼마나 다르고, 그렇다면 두 천체와 지구 사이의 거리는 얼마나 될까? 그리고 이들의 크기는 지구에 비해 얼마나 크거나 작을까?

그리스의 사모스 섬에서 태어난 천문학자인 아리스타코스(Aristarchos, B. C.

310~230)는 지구에서의 관측을 통해 태양-지구-달의 상대적인 크기와 서로 간의 거리에 대한 답을 유도하였다. 이 유도 과정에서는 기하학적 사고와 관측 및 측정을 통하여 반드시 변수 사이의 관계를 지어야 한다. 아리스타코스가 살던 시대에는 관측기기나 기술이 오늘날의 그것보다 열등하기에 우리가 요즘 얻을 수 있는 정도의 정확도를 가질 수는 없었지만 아리스타코스의 논리적 사고와 측정에 대한 열정을 우리는 지금도 배워야 할 것이다.

아리스타코스는 태양-지구, 지구-달 사이의 거리와 태양, 달의 반경을 모두 지구의 반경의 함수로 나타낼 수 있었다. 그 후 에라토스테네스(B. C. 280~192)는 기하학적 원리를 이용하여 지구의 크기를 측정하게 된다. 이로써 2,000년 전에 벌써 태양, 지구, 달 사이의 공간적인 구조 및 그 공간을 태양, 지구, 달이 각각 어떠한 크기로 점유하고 있는지를 상상을 넘어 과학적으로 이해하게 되었다.

과학의 발달은 어떤 문제를 어떻게 인식하느냐와 많이 관계된다. 아리스타코스는 태양-지구-달 계를 시스템적(systematic)으로 생각하여 거리와 천체의 크기 사이의 관계를 유도하게 된다. 그의 마음에 일어난 문제는 '도대체 태양-지구-달 계가 얼마만 한가?'이었을 것이다. 분명 문제를 해결해 나가는 데 있어 어려움이 발생하였을 것이다. 그는 어떻게 이 어려움을 극복하였을까? 지금 생각해 보아도 재미있는 일이다. 그의 어려움은 아마도 반달의 순간을 어떻게 하면 놓치지 않을 것인가이거나 정확한 측정을 위한 도구의 문제이었을 것이다. 아리스타코스도 이러한 문제에 대해 깊이 생각하였을 것이다. 단지 그의 방법에 오차가 심하거나, 그 당시의 측정 기술로는 가능 여부가 불투명하거나, 측정을 위한 경제적 혹은 인력(人力)의 문제가 해결되지 않았거나 하는 여러 어려움이 있었을지 모른다. 그렇지만 그의 사고와 측정은 태양-지구-달 계에서 결국 지구의 반경을 변수로 모든 거리와 각 천체의 크기를 유도하게 된다. 아마도 에라토스테네스는 아리스타코스의 유도 내용을 알고 있었을 것이며 따라서 지구의 크기를 측정하기만 하면 태양-지구-달 계 내에서 천제의 크기에 대한 문제가 모두 해결됨을 알고 있었을 것이다. 따라서 그의 연구 문제는 '어떻게 지구의 크기를 측정할 수 있을까?'이었을 것이다. 에라토스테네스는 매우 정확한 방법을 이용하여 이 문제를 해결하게 된다.

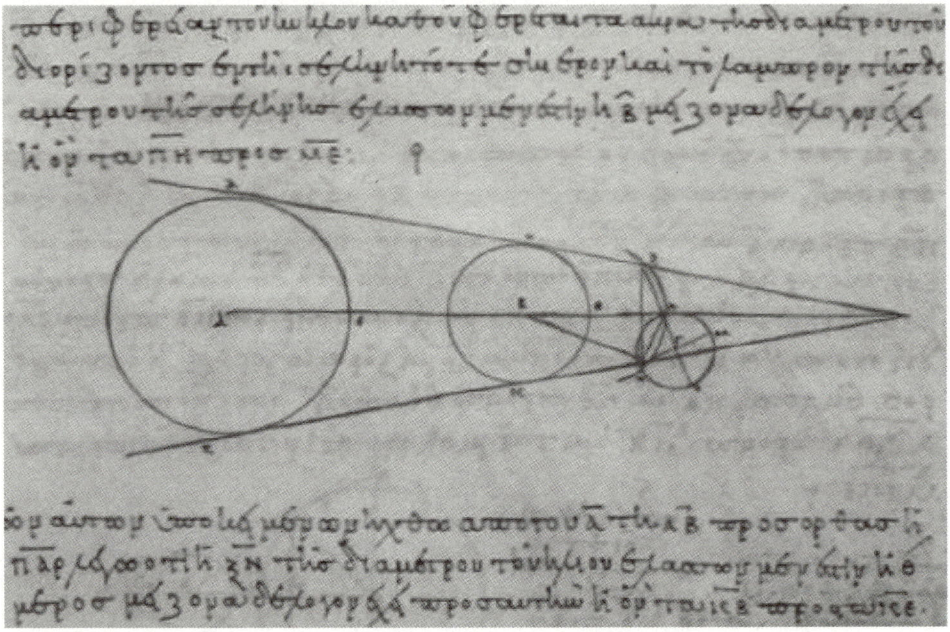

[그림 1-3] 아리스타코스가 생각한 태양-지구-달 계의 상대적인 크기와 거리를 구하는 방법. 그가 구한 값은 비록 실제 값과 차이가 컸지만 그의 기하학적 방법론은 옳은 것이었다.

2) 아리스타코스의 측정 실험

아리스타코스는 먼저 지구의 크기는 태양-지구 및 지구-달 사이의 거리보다 매우 작아 지구의 표면에서의 관측이나 지구 중심에서의 관측이나 크게 차이가 없다는 가정을 하였을 것이다. 따라서 달의 위상이 반달이 되었을 때에 태양-지구-달 사이의 각을 측정하게 되었다. 아리스타코스는 이 각을 87°로 측정하게 된다. 그 당시 반달의 순간을 측정한다는 것은 거의 불가능했을 것이다. 오늘날에는 이 각이 89° 51′이라는 것을 안다. 이러한 측정은 경위기(經緯機 theodolite)를 이용하면 되는데([그림 1-4]), 경위기를 이용하면 방위각(수평각도)과 고도(수직각도)를 좀 더 쉽게 측정할 수 있다[그림 1-5].

[그림 1-4] **경위기**

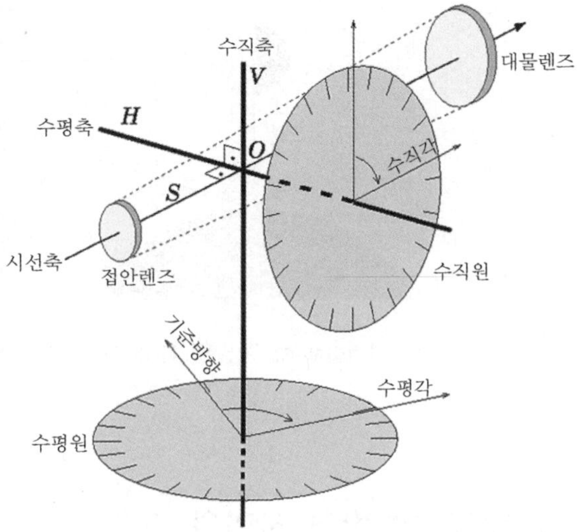

[그림 1-5] **경위기의 원리**

이제 [그림 1-6]에서와 같이 태양을 S, 지구를 E, 달을 M라 하고 지구에서 반달을 볼 수 있을 때 이 세 점 S, E, M이 이루는 직각삼각형을 생각해보자. 그러면

$$\frac{EM}{ES} = \cos(\angle SEM)$$

이 됨을 알 수 있다. 아리스타코스가 관측한 $\angle SEM$은 87°이었고, cos87°는 약 1/19이므로 아리스타코스는 $ES \simeq 19EM$, 즉 지구에서 태양까지의 거리는 지구에서 달까지의 거리보다 19배나 멀다는 결과를 얻었을 것이다. 오늘날의 정밀한 관측에 의하면 $\angle SEM$은 89° 51′이므로 $ES \simeq 382EM$, 즉 지구에서 태양까지의 거리는 지구에서 달까지의 거리의 382배가량이 됨을 알 수 있다.

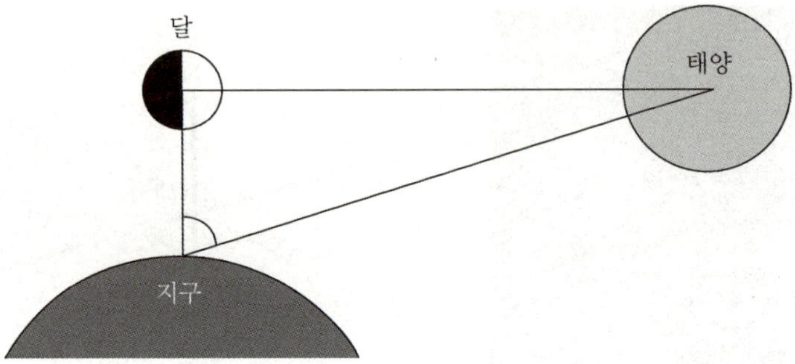

[그림 1-6] **반달일 때의 태양-지구-달 사이의 위치 관계**

3) 태양-달 반경 사이의 관계

[그림 1-2]에서 보듯이 태양과 달의 시직경은 거의 같고, 측정해보면 그 값은 대략 0.5°이다. 태양과 달의 시직경을 각각 θ_S, θ_M이라 하면, θ_S와 θ_M를 라디안으로 표현할 때

$$\theta_S \cong \frac{2R_S}{ES},\ \theta_M \cong \frac{2R_M}{EM}$$

이 된다. 그런데 태양과 달의 시직경은 대략 같기에

$$\theta_S \cong \theta_M$$

$$\frac{2R_S}{ES} \cong \frac{2R_M}{EM}$$

$$R_S \cong \frac{ES}{EM} R_M$$

이고, 앞에서 $\frac{ES}{EM} \cong 382$라는 것을 구하였으므로 이 값을 대입하면

$$R_S \simeq 382 R_M$$

을 얻을 수 있다.

4) 각 천체의 거리와 반경과의 관계

[그림 1-7]에서 지구의 위치를 지구와 태양 사이의 거리를 반지름으로 하는 원의 중심에 위치해 있다 하자. 반지름과 원주의 관계로부터 [그림 1-7]의 원의 둘레는 $2\pi ES$라는 것을 알 수 있다. 또한 지구에서 보는 태양의 시직경 θ_S과 태양의 실제 반경 R_S를 생각해보면 $2R_S$: 원의 둘레 $= \theta_S : 360°$이므로, 원의 둘레는 $2R_S \dfrac{360°}{\theta_S}$로 표현할 수도 있다. 따라서

$$2\pi ES = 2R_S \frac{360°}{\theta_S}$$

$$\pi ES = R_S \frac{360°}{\theta_S}$$

$$ES = \frac{360°}{\pi\theta_S} R_S$$

인 관계가 된다. 달의 경우도 같은 방법으로 그 시직경(θ_M)과 반경(R_M), 그리고 지구와 달 사이의 거리(EM)에 대한 관계를 살펴보면

$$EM = \frac{360}{\pi\theta_M} R_M$$

인 관계가 있음을 알 수 있다. 그런데 $\theta_S \simeq \theta_M \simeq 0.5°$이기에 $ES = \dfrac{720}{\pi} R_S$, $EM = \dfrac{720}{\pi} R_M$이 된다.

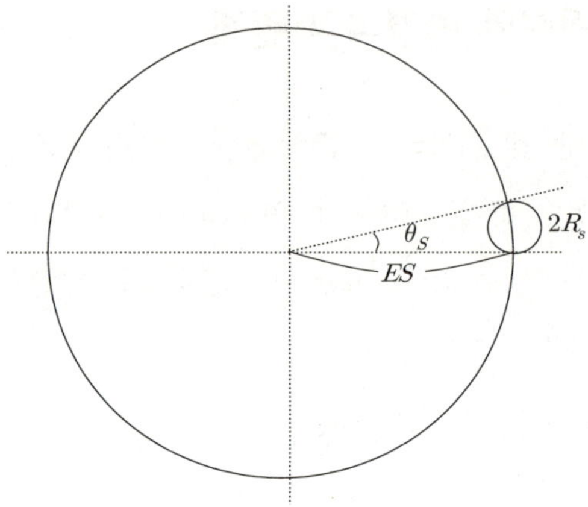

[그림 1-7] 거리와 반경 사이의 관계

5) 또 다른 관측과 측정의 필요

아리스타코스가 태양-지구-달 계에서 알고 싶어 했던 값들은 ES, EM, R_S, R_E, R_M이었다. 그런데 우리는 식이 3개밖에 없다. 하나의 식만 더 있어도 어떤 하나의 변수를 이용하여 다른 값들을 그 함수로 표현할 수 있다. 그래서 아리스타코스는 월식을 관측하여 달이 지구의 그림자를 통과하는 시간이 달의 표면을 모두 가리는 시간의 거의 2배 정도 됨을 측정하게 되었다. 오늘날의 관측에 의하면 2.6배 정도이다([그림 1-8] 참조).

이제 [그림 1-9]를 이용하면

$$\frac{x}{2.6R_M} = \frac{x+EM}{R_E} = \frac{x+EM+ES}{R_S}$$

인 관계를 얻게 된다. 이 관계식으로부터 x를 제거하면서 앞에서 구한 $R_S \simeq 382R_M$을 이용하면,

$$R_M = \frac{383}{1375.2}R_E = 0.2785R_E$$

를 얻는다.

[그림 1-8] **월식 때 지구의 그림자와 달의 크기**

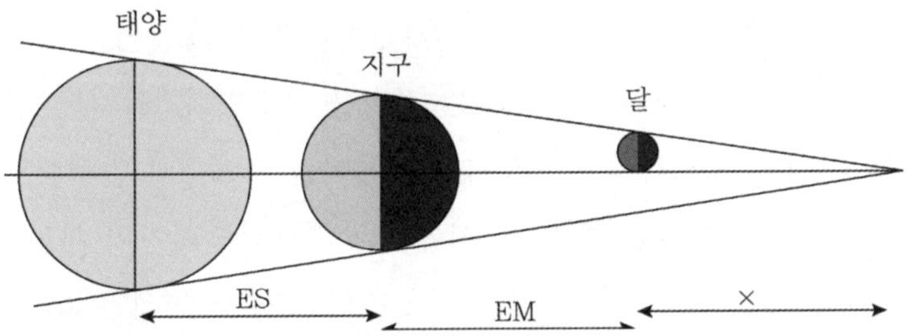

[그림 1-9] **월식 때의 각 천체의 위치와 크기와의 관계**

이제 5개의 변수에 4개의 방정식이 있기에 우리는 ES, EM, R_S, R_M을 R_E의 함수로 유도할 수 있다. 이미 얻은

$$R_M = 0.2785R_E$$

와 함께

$$R_S \simeq 382R_M = \frac{382 \times 383}{1375.2}R_E = 106.39R_E$$

를 얻는다. 따라서

$$ES = \frac{720}{\pi} R_S = 24,382.54 R_E$$

$$EM = \frac{720}{\pi} R_M = 63.83 R_E$$

이며, 아리스타코스가 가정한 대로 $ES, EM \gg R_E$ 라는 것을 알 수 있다.

6) 지구의 크기

그리스 사람들은 지역에 따라 북극성의 높이가 다르게 관측됨을 보고 지구가 공처럼 둥글다는 사실을 알고 있었다. 에라토스테네스는, 시에네(현재의 아스완)에서 하짓날에 태양 빛이 우물의 바닥까지 닿는다는 것을 전해 듣고(태양의 고도가 90°) 이로부터 지구의 크기를 계산할 수 있다는 사실을 깨달았다. 알렉산드리아에서는 하짓날의 태양의 남중 고도가 82.8°였는데 이 차이를 시에네와 알렉산드리아의 위도 차에 따른 것이라고 생각한 것이다. 시에네와 알렉산드리아의 거리는 5,000스타디아(미터법으로 925km)이며, 비율을 계산하여 지구의 둘레는 250,000스타디아(46,250km)라고 구했다. 그러나 당시 스타디아의 길이가 엄밀하게 정해져 있었던 것도 아니고, 측정 자체도 걸음 수를 이용한 대략적인 것이기에 그가 실제로 어느 정도 정확하게 지구 둘레를 구한 것인지를 말하는 것은 의미가 거의 없다.

에라토스테네스는 지구로 향한 태양 빛은 모두 평행이며, 지구는 완전 구형이고 시에네와 알렉산드리아의 경도는 거의 같다고 가정하였다. 이 방법에 사용한 수학적인 원리는 ① 원의 반경, 중심각, 원호의 길이 사이의 관계와 ② 평행한 두 직선이 다른 하나의 직선과 만나 이루어진 엇각은 같다이다.

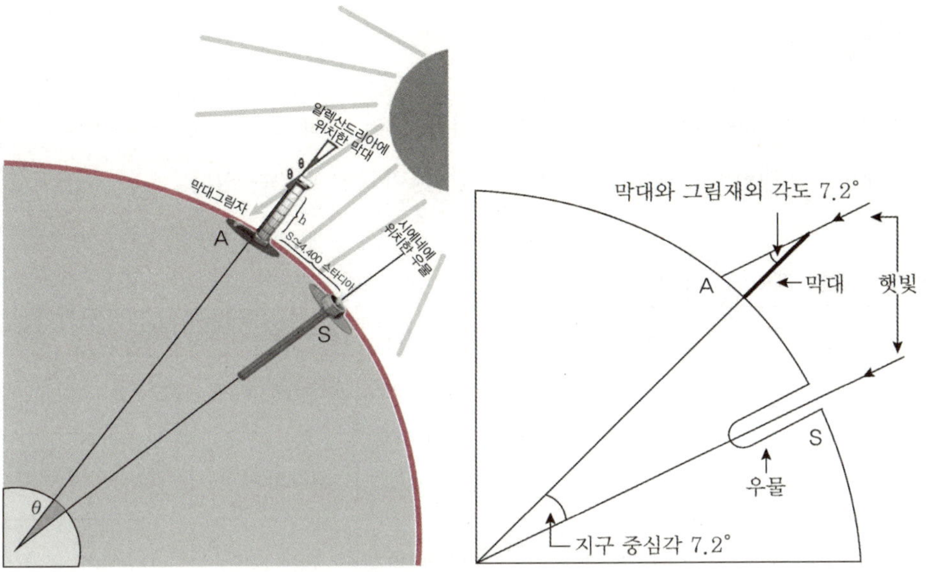

[그림 1-10] 에라토스테네스의 방법

이제 [그림 1-10]에서 알렉산드리아를 A, 시에네를 S라 하고 알렉산드리아에서 시에네를 잇는 원호의 길이를 AS라 표현한다면

$$\frac{AS}{7.2} = \frac{\text{지구의 둘레}}{360} = \frac{2\pi R_E}{360}$$

인 관계가 있기에 이 관계식을 풀면

$$R_E = \frac{25}{\pi} AS$$

를 얻을 수 있다. 에라토스테네스의 결과에 의하면 $R_E = 39{,}788.74$ 스타디아, 대략 7,361km이다. 오늘날의 값은 약 6,371km이다.

7) 결과

지구 반경의 값을 관계식에 대입하여 식을 풀어 각각의 값을 얻을 수 있다. 〈표 1-1〉에서 이 계산에 의한 값과 실제의 값을 비교해 볼 수 있다.

〈표 1-1〉 **태양-지구-달 계의 크기**

	지구의 반경	달의 반경	태양의 반경	지구-달 거리	태양-지구 거리
식	$R_E = \frac{25}{\pi} AS$	$R_M = 0.2785 R_E$	$R_S = 106.39 R_E$	$EM = 63.83 R_E$	$ES = 24{,}382.54 R_E$
값 (km)	6,371	1,774.3	677,810.7	406,660.9	155,341,162.3
실제값 (km)	6,371	1,737.1	695,500	384,399	149,600,000

8) 지구-태양의 거리를 알아낸 또 다른 방법

지구와 태양 사이의 거리를 알아내는 아리스타코스의 방법은 논리적으로 올바른 방법이었지만 정확한 관측이 어렵기 때문에 관측에 따라 오차가 크게 발생하였다. 앞서 살펴 본 아리스타코스의 관측 결과와 실제의 값의 비교를 보더라도, 그 값이 큰 차이를 보임을 알 수 있다.

과거의 사람들 역시 아리스타코스의 방법이 옳은 것이지만 관측이 쉽지 않다는 것을 알고 있었기 때문에 좀 더 정확하게 지구와 태양 사이의 거리를 알아보고자 했다. 그렇게 지구와 태양 사이의 거리를 알아내려는 시도는 계속되었지만 관측의 귀재인 튀코 브라헤도, 그리고 태양계 행성들의 운동에 대해 그 비율을 알아낸 케플러조차도 지구와 태양 사이의 거리를 구해내지 못했다. 튀코 브라헤가 구한 지구와 태양 사이의 거리는 약 8,000,000km이었으며, 케플러가 구한 값은 약 24,000,000km로 이 위대한 두 천문학자가 생각한 태양계는 실제보다 훨씬 작은 규모라 할 수 있다.

지구–태양 사이의 거리가 비교적 정확하게 계산된 것은 1672년 리셰(Jean Richer)와 카시니(Giovanni Domenico Cassini)에 의해서였다. 이들이 사용한 방법은 지구의 두 지점에서 화성의 시차를 관측하는 것이었다. [그림 1–11]에서 보는 것과 같이 리셰와 카시니는 프랑스 파리와 프랑스령 기아나에 있는 카옌섬(Cayenne)이라는 두 지역에서 화성을 관측하였다.

[그림 1–11] **지구상의 두 지점에서의 화성 관측**

이들은 관측을 하는 두 지점이 멀어질수록 시차가 커진다는 것에 착안하였을 것이다. 지구 상에서 가능한 한 먼 지역에서 두 관측자는 화성의 시차를 관측할 수 있었다. 이렇게 시차를 구한 후에 자신들이 관측한 두 지점의 거리를 d, 지구와 화성 사이의 거리를 D라고 하면 시차 θ와 이 거리들 간에는 다음과 같은 관계가 있다.

$$\frac{(d/2)}{D} = \sin\left(\frac{\theta}{2}\right)$$

$$D = \frac{d}{2\sin\left(\frac{\theta}{2}\right)}$$

이 식에서 우리는 관측에 의해 θ를 알고, 두 지점의 거리도 알 수 있으므로, 화성과 지구의 거리를 지구에서 사용하는 단위로 얻을 수 있다. 그리고 17세기 후반에는 이미 행성과 태양 사이의 거리와 지구–태양 사이의 거리의 비율은 알고 있었으므로 이렇게 구한 화성과 지구 사이의 거리로부터 지구와 태양 사이의 거리도 구할 수 있다. 카시니와 리셰가 구한 지구와 태양의 거리는 약 140,000,000km이었다.

이후에 스코틀랜드의 천문학자 길(David Gill)은 리셰와 카시니가 사용한 방법과 유사하지만 조금은 다른 방법으로 지구와 태양까지의 거리를 구하였다. 길은 화성이 지구와 가장 가까운 위치일 때, 즉 [그림 1-12]와 같이 태양, 지구, 화성 순으로 일직선을 이루었을 때 화성을 관측하였다는 점에서는 이전 학자들과 다를 것이 없었다. 그러나 길(Gill)은 자신의 지리적인 위치를 바꾸지 않고 리셰와 카시니가 사용한 방법과 같은 효과를 얻었는데 그것은 바로 지구의 자전을 이용한 것이다.

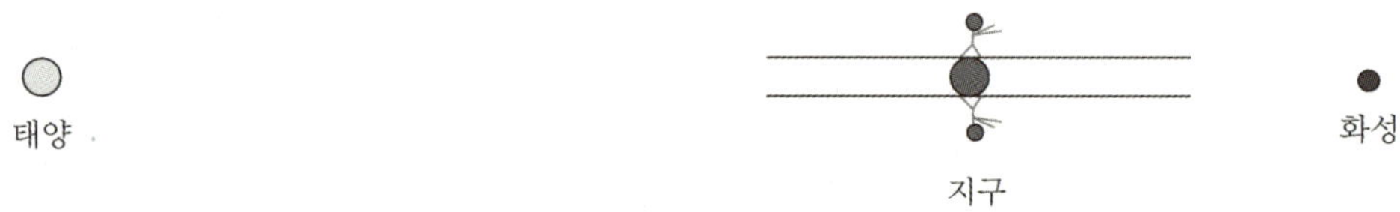

[그림 1-12] 지구의 자전을 이용하여 화성을 관측

지구가 하루에 한 번 자전하기 때문에 해가 뜨기 직전과 지기 직전의 관측자의 위치는 [그림 1-12]와 같이 달라지고, 이것은 지구상의 서로 다른 두 지점에 있는 효과를 가져온다. 이런 관측 방법으로 화성의 시차를 관측한 길은 리셰와 카시니가 사용한 것과 동일한 수학적 방법으로 태양과 지구 사이의 거리를 구해냈는데 길이 구한 값은 현대에 알아낸 태양-지구 사이의 거리와 0.2%밖에 차이가 나지 않는 값이다.

9) 달에서 본 지구와 태양은?

우리는 이제 지구와 달과 태양의 크기와 서로 간의 거리를 알고 있다. 지구에서 본 달과 태양은 비슷한 크기였지만, 달에서 본 지구와 태양은 어떨까? 달에서 본 지구와 태양은 비슷한 크기일까, 아니면 다른 크기일까? 다르다면 얼마나 다를까? 위에서 알아낸 값으로부터 우리는 달에서 지구와 태양이 어떻게 보이는지 생각해 볼 수 있을 것이다.

위에서 우리는 시직경이 우리가 보는 대상의 실제 직경과 그 대상까지의 거리로부터 결정되는 값이라는 것을 알았다. 실제 직경을 $2r$이라 하고, 그 대상까지의 거리를 l이라 했을 때 시직경 θ는

$$\tan(\theta/2) = (2r/2)/l$$
$$\theta = 2\tan^{-1}(r/l)$$

라는 것을 알 수 있다. 이제 지구의 반경을 r_E라 하고 지구와 달의 거리를 l_E, 태양의 반경을 r_S, 태양과 달의 거리를 l_S라 하고, 달에서 보는 지구와 태양의 시직경을 각각 θ_E, θ_S라 하면

$$\theta_E = 2\tan^{-1}(r_E/l_E)$$
$$\theta_S = 2\tan^{-1}(r_S/l_S)$$

로 표현할 수 있다. 지구의 반경은 6,371km, 지구와 달의 거리는 384,399km이므로

$$\theta_E = 2\tan^{-1}(r_E/l_E)$$
$$\theta_E = 2\tan^{-1}(6371/384399)$$
$$\theta_E = 1.9°$$

이고 지구와 태양 사이의 거리는 거의 달과 태양 사이의 거리와 같다고 할 수 있으므로 달에서 보는 태양의 시직경도 약 0.5°일 것이다. 따라서 달에서 보는 지구는 달에서 보는 태양에 비해 지름이 약 4배가량 되는 크기로 보일 것이다.

[그림 1-13] **달에서 보는 지구. 달에서 보는 태양은 지구보다 1/4 정도로 작게 보일 것이다.**

이 장(章)에서는 우리 인류가 태양계 내에서 태양계 내의 주요 천체들의 크기, 그 천체들 사이의 거리, 특히 태양과 지구 사이의 거리를 구한 방법을 과학사적인 접근을 통하여 고찰해 보았다. 이러한 과학사적인 접근이 태양계 내의 천체들의 물리량을 얻는 데 도움을 주며, 학교 현장 학습에서 사용할 수 있는 천문 실험 활동으로 이루어져야 한다. 다음 장(章)에서는 이러한 활동을 하면서 질문 혹은 문제가 발생하고, 학교 과학(school science)을 바탕으로 하여 발생한 질문 혹은 문제를 해결하는 과정을 다루려 한다.

02 지구와 달 사이의 거리

우리는 1장(章)에서 오래전에 우리 인류가 어떠한 과학적인 방법을 이용하여 태양, 지구, 달 사이의 거리와 각 천체의 크기를 어림하였는지를 알게 되었다. 여기서는 이러한 방법을 구체적으로 하나씩 실행해 보도록 한다.

1) [그림 2-1]은 2006년에서 2008년 사이에 일어난 월식을 이용하여 만든 사진이다.[1] [그림 2-1]에서 지구 그림자의 직경은 달의 직경의 몇 배인가? 30cm 자를 이용하여 측정해 보자.

[그림 2-1] 월식과 지구 그림자

1) http://apod.nasa.gov/apod/ap130425.html

2) [그림 2-2]는 2014년 10월 부분일식 사진이다.[2] 이 사진에 의하면 달의 직경은 태양의 직경의 몇 배인가? 30cm 자를 이용하여 측정해 보자.

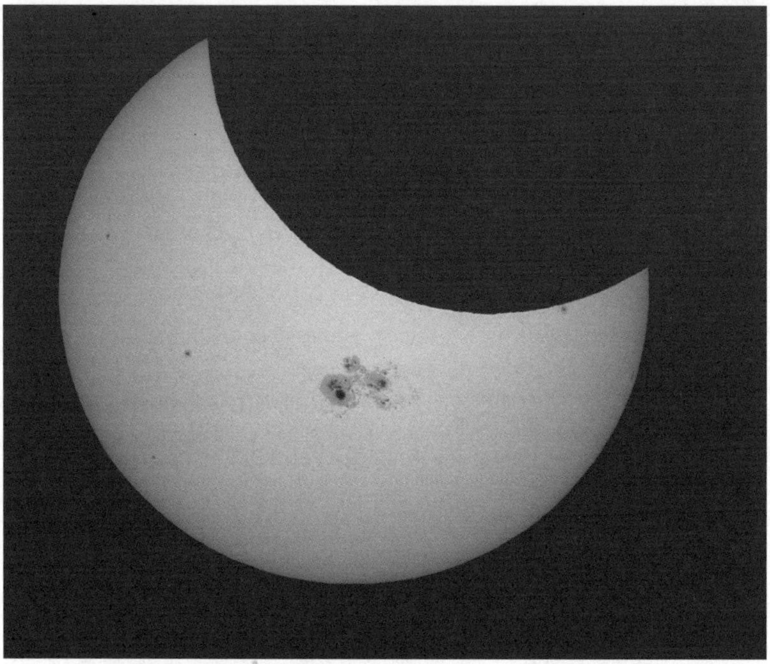

[그림 2-2] 일식

3) 태양/달의 시직경을 측정할 수 있을까? 그 방법을 열거하여 보자.

4) 태양까지의 거리는 1.5×10^{8}km 이고, 태양의 시직경은 $0.5°$ 정도이다. 이를 이용하면 태양의 반경은 몇 km 인가?

5) 지구의 반경은 어떻게 구할 수 있었나? 1장의 에라토스테네스의 방법을 참고하라.

---

2) http://apod.nasa.gov/apod/ap141025.html

6) 우리는 태양의 반경, 태양과 지구 사이의 거리, 지구의 반경을 알고 있다. 이 값들을 이용하면 [그림 2-3]에서 지구에서 지구 그림자 끝까지의 거리는 몇 km나 될까?[3)]

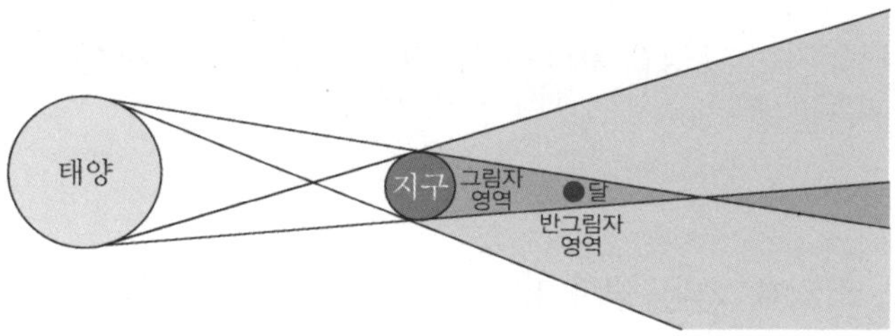

[그림 2-3] 월식 모형

7) 지구에서 달까지의 거리를 d, 달의 반경을 R이라 하여 R을 d의 함수로 나타내 보자. 또한 1)에서 구한 값을 이용하여, 지구 그림자의 반경을 d의 함수로 나타내 보자.

8) '삼각형의 닮음'을 이용하여 지구에서 달까지의 거리 d를 km 단위로 구해 보자.

9) 달의 반경 R을 km 단위로 구해 보자.

10) 다음 과제에서 안다고 가정한 물리량은 어떤 것인가?

이 과제에서는 태양과 지구 사이의 거리를 km 단위로 알고 있다고 가정하였다. **그렇다면 태양과 지구 사이의 거리를 km단위로 어떻게 알 수 있었을까?**(4장 참조)

이 과제에서는 태양과 달의 시직경을 측정하는 방법을 열거해 보기만 하였다. 계산에서는 태양과 달의 시직경이 0.5° 정도라는 것도 알고 있다고 가정하였다. **그렇다면 열거한 방법 중에 하나로 태양/달의 시직경을 측정해 보자.**(3장 참조)

3) 수학에서 '삼각형의 닮음'을 이용한다.

활동 1 지구의 반지름 구하기

[실험목적]

지평선 아래로 지는 태양을 이용하여 지구의 반지름을 구할 수 있다.

[준비물]

캠코더 2대, 삼각대 2대, 줄자 10m

[이론적 배경]

저녁노을이 지는 해변가의 바닥에 누워 고요한 바다 속으로 지는 태양을 지켜보다가 태양이 완전히 사라진 직후 곧바로 일어나 태양이 또 다시 바다 속으로 완전히 사라진 직후를 가정해 보자.

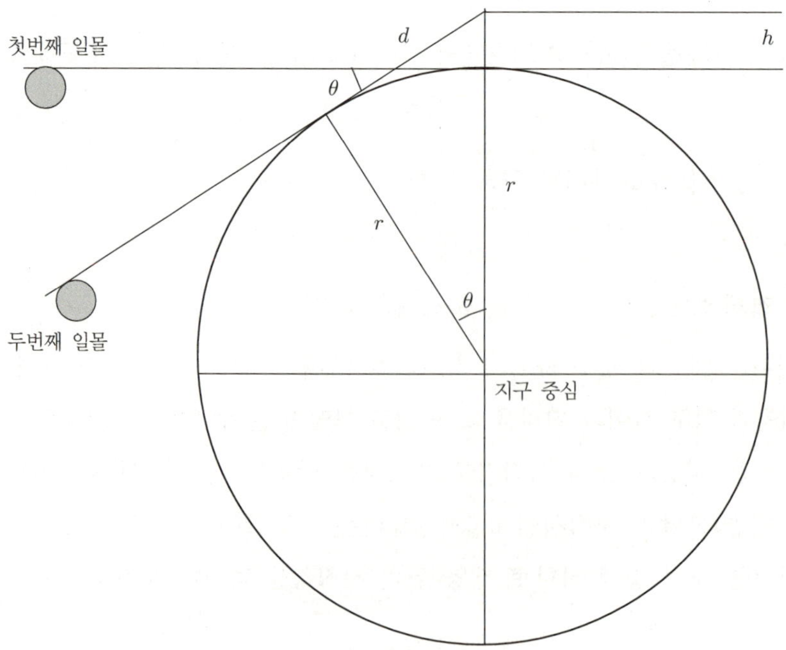

사람의 눈높이를 h, 서 있었을 때 지평선까지의 거리를 d, 누워 있었을 때와 서 있었을 때의 각의 변화를 θ, 지구의 반지름을 r이라 하자.

직각삼각형에서 $d^2+r^2=(r+h)^2=r^2+2rh+h^2$, 즉 $d^2=2rh+h^2$이다. 사람의 눈높이 h는 지구반지름 r보다 매우 작아서 h^2은 $2rh$에 비해 무시할 수 있다.

따라서 $d^2=2rh$로 표현할 수 있고, $d=r\tan\theta$이므로 $(r\tan\theta)^2=2rh$가 된다. 이를 정리하면 $r=\dfrac{2h}{\tan^2\theta}$이다. 두 일몰 간의 시간차를 t라 하면, $\dfrac{\theta°}{360°}=\dfrac{t(h)}{24h}$이기에 $\dfrac{\theta(rad)}{2\pi}=\dfrac{t(s)}{86400}$이므로 $\theta=\dfrac{2\pi}{86400}t(s)=\dfrac{\pi}{43200}t(s)\,rad$이 된다.

[관측 방법]

① 태양의 일몰을 관찰할 수 있는 백사장으로 이동한다.

② 비디오 캠코더를 2대 준비한다.

③ 1대는 모래사장 바닥에 설치하고, 다른 하나는 사람의 키 정도의 높이에 설치한다.

④ 깃발이나 지나가는 배를 이용하여 2대의 비디오 캠코더의 시간의 차이를 확인한다.

⑤ 일몰이 완료되면 관측 결과를 확인한다.

실험 결과 및 토의

활동 1 지구의 반지름 구하기

1. 다음 물리량을 구해 보자.

	눈높이(h)	시간(s)
측정값		

2. 누워 있었을 때와 서 있었을 때의 각의 변화 θ를 구해 보자.

3. 지구의 반지름을 구해 보자.

4. 지구 반지름의 오차는 얼마인가?

활동 2 달까지의 거리 구하기

[실험목적]

월식 사진을 이용하여 달까지의 거리를 구할 수 있다.

[준비물]

자(30cm), 계산기

[실험 방법]

① 인터넷에서 'www.mreclipse.com'을 방문하여 일식 사진을 다운 받는다.
② 자를 이용하여 달의 지름을 측정한다.
③ 자를 이용하여 지구의 그림자를 측정한다.

활동 2 달까지의 거리 구하기

1. 위의 일식 사진에서 달의 중심을 결정하는 방법은 어떤 것이 있을까?

2. 위 방법을 이용하여 달과 지구 그림자의 크기를 측정해 보자.

구분	달	지구
크기		

3. 달의 지름은 몇 km인가?

4. 달까지의 거리는 얼마인가? (단, 달의 각지름은 0.5°이다.)

5. 달의 지름과 달까지의 거리의 오차는 얼마인가?

6. 지금까지 사용한 방법으로 달의 지름을 구할 때 필요한 가정 2가지를 써 보자.

7. 위 문제의 가정은 달의 크기와 지구로부터 달까지의 거리에 어떠한 영향을 미치는가?

8. 달의 공전궤도상의 달까지의 거리를 구해 보자.

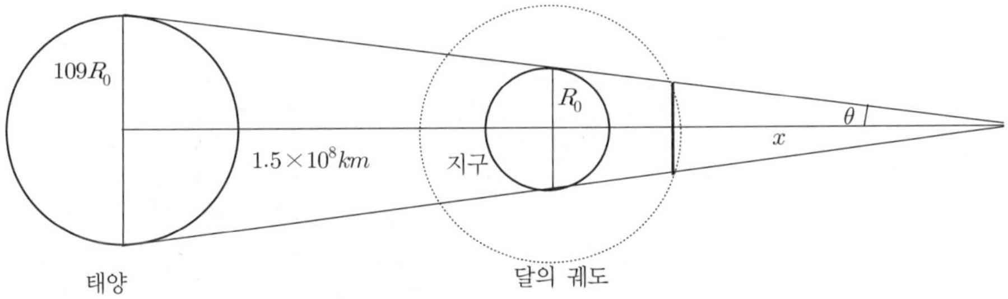

9. 문제 8에서 구한 값을 이용하여 달의 지름을 구해 보자.

10. 상현달일 때 지구에서 태양–지구–달 사이의 각을 측정한 결과 89.85°이었다. 지구에서 태양까지의 거리를 구해 보자.

03 달의 시직경 측정

일식 때의 사진([그림 2-2] 참조)을 보면 달의 시직경이나 태양의 시직경이 아주 비슷하다. [그림 3-1]은 달과 태양의 시직경이 대략 0.5°임을 보여 준다.

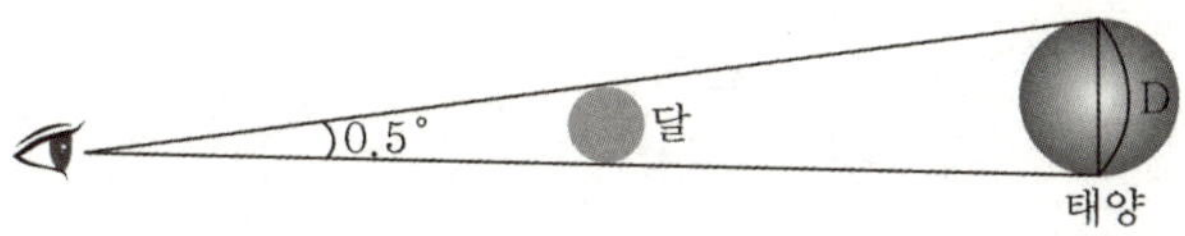

[그림 3-1] **태양과 달의 시직경**

[그림 3-2] **태양관측 안경**

태양은 빛이 강하기에 [그림 3-2]와 같은 색안경을 끼고 태양을 보아야 한다. 그러면 콩알만 한 태양의 원반을 볼 수 있다. 그렇지만 태양의 시직경을 직접 측정하기는 쉽지 않다. 따라서 태양의 빛이 바늘구멍을 통과하여 나타난 상을 이용하여 태양의 시직경 측정이 가능하다([그림 3-3]). 즉 태양의 시직경을 θ라 할 때, [그림 3-3]에서

$$\tan(\theta/2) = \frac{D}{2L} = \frac{d}{2l}$$

가 된다. 따라서 태양의 상의 직경 d와 태양의 상과 바늘구멍까지의 거리 l을 측정하기만 하면 태양의 시직경을 구할 수 있다.

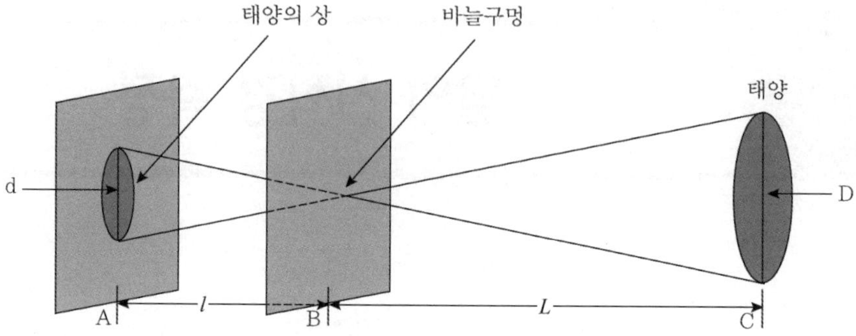

[그림 3-3] 태양의 시직경 측정

이러한 방법을 사용하여 태양의 시직경을 측정하고, 달의 시직경은 [그림 3-1]과 같이 태양의 시직경과 비슷하기에 태양의 시직경의 값을 어림하여 사용할 수 있다. 그렇다면 달의 시직경을 직접 측정할 수 있을까?

우리는 수학에서 각도를 나타낼 때에 °로 나타낸다. 즉 '정삼각형의 한 각의 크기는 60°이다.'라고 표시한다. 그러나 각도를 표시할 때에는 라디안(radian)이라는 단위를 사용하기도 한다. 라디안이라는 단위는 원에서 원호의 길이가 그 원의 반지름과 같은 길이일 때를 1라디안(1 rad)으로 정의한다. 따라서 반지름의 길이가 r인 원의 둘레는 $2\pi r$이기에 원은 2π라디안이고 이는 360°와 같다. 따라서

$$1\ rad = \frac{180°}{\pi} = 57.3°$$

$$1° = \frac{\pi}{180}\ \mathrm{rad} = \frac{1}{57.3}\ \mathrm{rad} = 0.017453\cdots\ \mathrm{rad}$$

이 된다. [그림 3-4]에서 원의 반지름 $OP = OQ = r$일 때, 짧은 원호 PQ의 길이 l은 $l = r\theta$가 된다. 여기서 $\angle POQ = \theta\,\mathrm{rad}$이다.

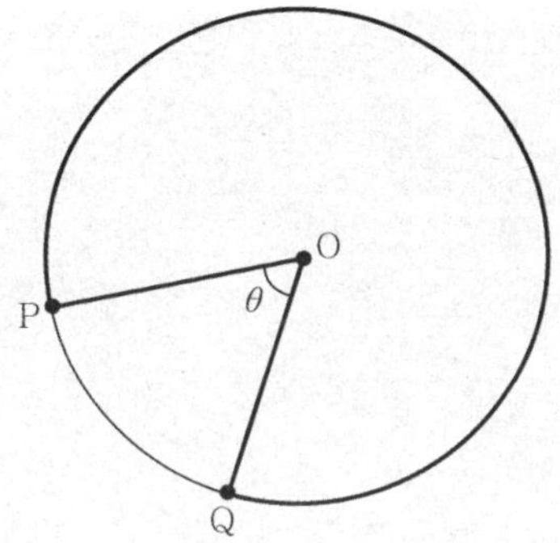

[그림 3-4] 원호

칠판에 10cm 간격의 표식을 한다. 그리고 칠판에서 5m 73cm 떨어져 이 간격을 쳐다본다. 그러면 [그림 3-5]와 같이 10cm 간격에 대한 시선 방향은 1°의 시각을 갖는다. 이제 여기서 30cm자를 손에 들고 팔을 쭉 뻗어 10cm 간격이 30cm 자로 몇 cm에 해당하는지 측정해 보자.

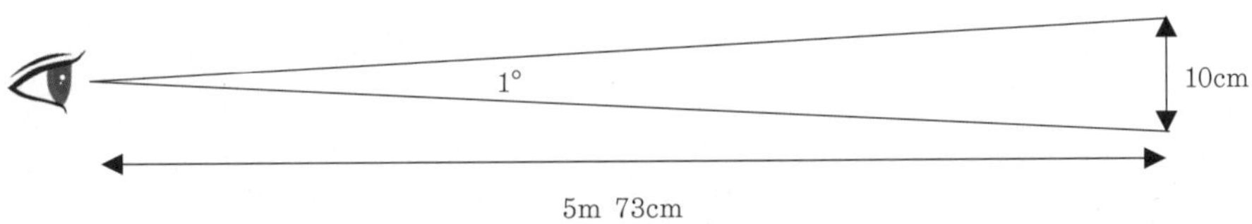

[그림 3-5] 1°의 정의

아마도 여러분은 깜짝 놀랄 것이다. 10cm 간격이 30cm자로 재보면 대략 1cm정도로 측정되기 때문이다. 즉 여러분들의 팔의 길이는 대략 57.3cm 정도이기에 쭉 뻗은 팔에 든 30cm자로는 1cm 간격이 1°에 해당한다. 이제 여러분은 시각을 잴 수 있는 도구를 하나 가지게 되었다. 이제 팔을 쭉 뻗어 달의 시직경을 재어 보자([그림 3-6] 참조). 몇 cm로 측정되는가? 0.5cm로 측정되면 0.5°에 해당한다. 달의 시직경은 태양의 시직경과 거의 같음을 고려하라.

[그림 3-6] 달의 시직경 측정

활동 3 달의 각지름 구하기

[실험목적]

천체망원경과 DSLR 카메라를 이용하여 달의 각지름을 구할 수 있다.

[준비물]

천체망원경, 투영판, 자, 계산기, DSLR 카메라

[실험 방법]

① 천체망원경을 설치한다.

② 투영판을 준비한다.

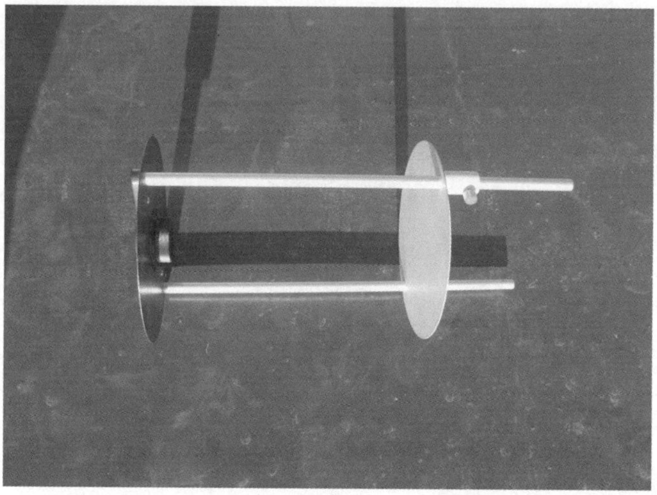

③ 투영판을 천체망원경에 연결한다.

④ 천체망원경의 파인더를 이용하여 달을 맞추도록 한다.

⑤ 망원경 초점조절 나사를 이용하여 초점을 정확히 맞춘다. 초점을 정확하게 맞추었을 때 달의 상이 가장 작으므로 이를 고려하여 초점을 맞추도록 한다.

⑥ 자를 이용하여 투영판에 비친 달의 지름을 재도록 한다.

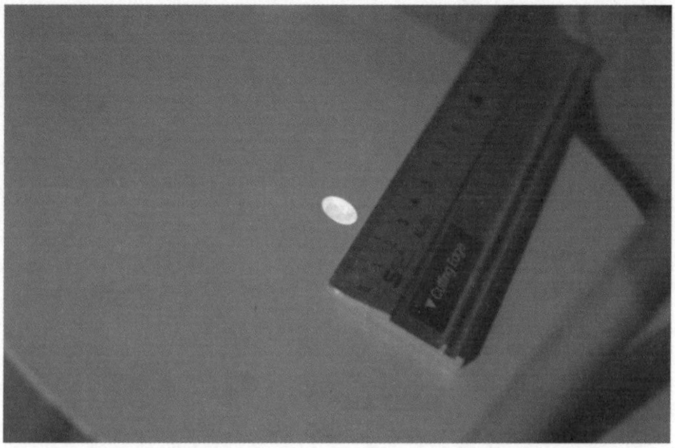

활동 3 달의 각지름 구하기

1. 천체망원경의 경통의 구경(D)과 초점거리를 알아 보자.

2. 자를 이용하여 달의 각지름을 측정한 결과 몇 mm인가?

3. 달의 각지름은 얼마인가?

4. 투영판을 앞뒤로 움직일 때 정확하게 초점이 맞으면 상이 가장 작고 선명하게 보인다. 그 이유는?

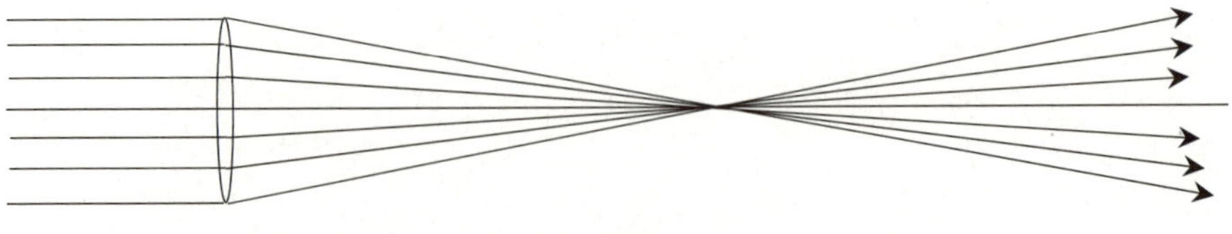

활동 4 태양의 각지름 구하기

[실험목적] [준비물], [실험 방법]의 ①~③은 활동 3 '달의 각지름 구하기'와 동일하다.

① 천체망원경을 설치한다.

② 투영판을 준비한다.

③ 투영판을 천체망원경에 연결한다.

④ 천체망원경이 대략적으로 태양을 향하게 한 후 투영판의 비친 태양 상을 이용하여 태양 상이 투영판 중심에 오도록 한다.

※ 절대 파인더나 망원경 아이피스를 통하여 태양을 관측하지 않도록 한다. 실명 위험이 있고 매우 위험하므로 사전에 철저히 교육하도록 한다.

⑤ 망원경 초점조절 나사를 이용하여 초점을 정확히 맞춘다. 초점을 정확하게 맞추었을 때 태양의 상이 가장 작으므로 이를 고려하여 초점을 맞추도록 한다.

⑥ 자를 이용하여 투영판에 비친 태양의 지름을 재도록 한다.

활동 4 태양의 각지름 구하기

1. 천체망원경의 경통의 구경(D)과 초점거리를 알아 보자.

2. 태양의 각지름은 몇 mm인가?

3. 태양의 각지름은 얼마인가?

4. 투영판을 앞뒤로 움직일 때 정확하게 초점이 맞으면 상이 가장 작고 선명하게 보인다. 그 이유는?

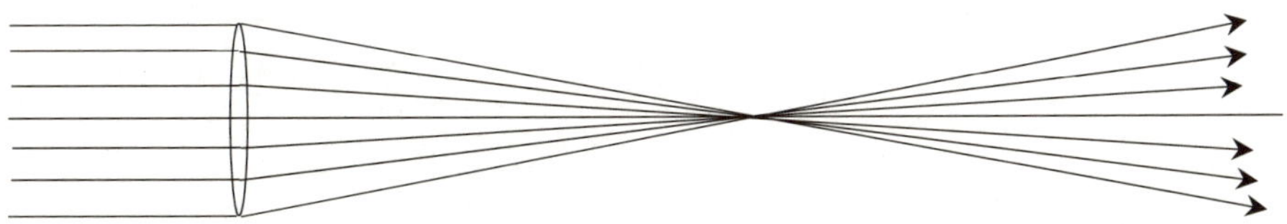

활동 5 태양의 자전주기 구하기

[실험목적]

태양 흑점 이동으로부터 태양의 위도에 따른 자전주기를 구할 수 있다.

[준비물]

태양 사진, 자, 계산기

[이론적 배경]

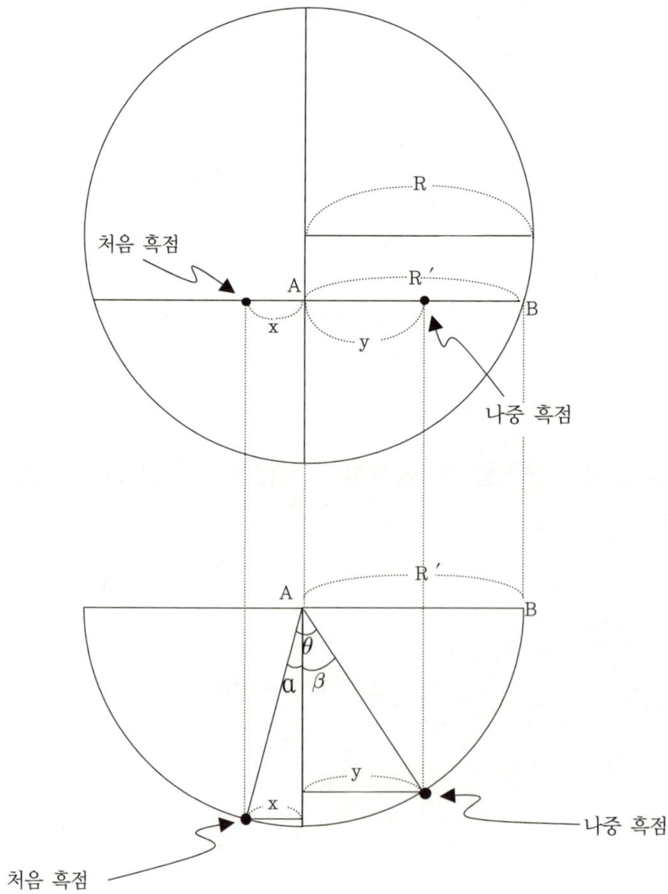

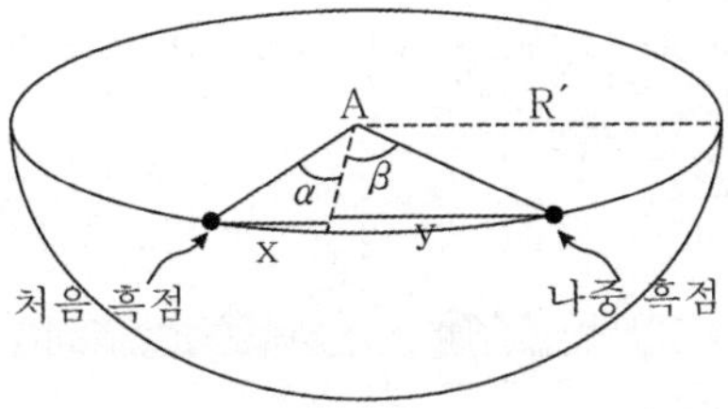

그림의 기하학적인 관계에 의해 $\sin\alpha = \frac{x}{R'}$, $\sin\beta = \frac{y}{R'}$이다.

따라서 흑점의 회전각 α와 β는 $\alpha = \sin^{-1}\left(\frac{x}{R'}\right)$, $\beta = \sin^{-1}\left(\frac{y}{R'}\right)$로 표현되며, 흑점의 이동각 θ는 $\theta = \alpha + \beta$이다.

태양의 자전주기는 비례식에 의해 다음과 같이 표현된다.

$$360° : \theta = \text{태양의 자전주기}(P) : \text{두 사진의 시간 차이}(t_2 - t_1)$$

$$P = \frac{360°}{\theta}(t_2 - t_1)$$

위 식을 이용하여 태양의 자전주기를 구할 수 있다. **이 방법은 태양의 흑점이 태양 표면을 따라 원운동한다는 가정하에 사용할 수 있다.**

[관측방법]

천체망원경 앞에 백색광 필터를 끼운 후 DSLR 카메라를 직초점 방식으로 연결한 후 태양을 촬영한다.

※ 태양 사진이 없는 경우 다음 인터넷 사이트에서 태양 사진을 다운 받는다.

① 인터넷 SOHO(http://sohowww.nascom.nasa.gov/)에 접속한다.

② 좌측메뉴의 [data/archive]-[Search & Download Data]를 클릭한다.
   혹은 http://sohodata.nascom.nasa.gov/cgi-bin/data_query로 접속한다.

③ 아래 그림과 같이 image Type를 MDI Continuum로, Start and End Date를 입력한 후 Search를 클릭한다.

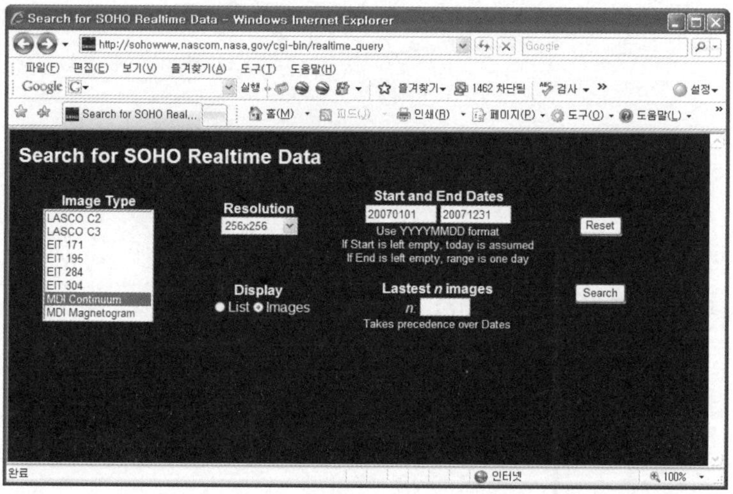

2002/02/01 20:48

2002/02/03 06:24

활동 5 태양의 자전주기 구하기

1. 다음 표의 값들을 구하고, 각 흑점들의 자전주기를 구하시오.

흑점의 위도				
측정값	R(mm)			
	R'(mm)			
	x(mm)			
	y(mm)			
$\alpha=\sin^{-1}\left(\frac{x}{R'}\right)$				
$\beta=\sin^{-1}\left(\frac{y}{R'}\right)$				
θ				
t_2-t_1(일)				
$P=\frac{360^\circ}{\theta}(t_2-t_1)$(일)				

2. 위에서 구한 태양의 자전주기는 무엇을 기준으로 설정했을 때의 값인가?

3. 실제 태양의 자전주기는 항성을 기준으로 한 값이다. 항성을 기준으로 했을 경우 태양의 자전주기는 얼마인가?

4. 태양의 위도별 자전속도는 몇 km/s인가?
(단, 태양의 실제 반지름은 $6.96 \times 10^5\mathrm{km}$ 이다)

5. 위 사실로부터 무엇을 알 수 있는가?

04 금성의 태양면 통과를 이용하여 1AU 구하기

내합의 위치에 있는 금성을 관측하면 태양면에 점같이 보이는 금성의 그림자가 나타나는데, 지구와 금성의 공전운동의 상대속도에 의하여 금성의 그림자가 태양면에 궤적을 그린다([그림 4-1]). 지구상의 서로 다른 두 지점에서 금성의 태양면 통과를 관측하면 [그림 4-1]과 같이 시차로 인하여 두 궤적의 차이가 나타난다.

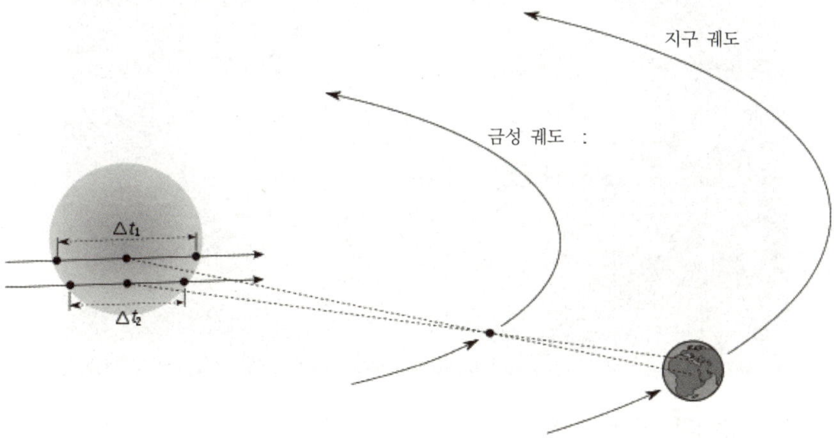

[그림 4-1] 지구 상의 서로 다른 두 지점에서 관측한 내합의 위치에 있는 금성의 태양면 통과 궤적

2012년에도 금성의 태양면 통과가 관측되었는데, [그림 4-2]의 관측사진은 노르웨이의 스발바르(Svalbard, 북위 78°)와 호주의 캔버라(Canberra, 남위 35°) 지역에서 동시에 관측된 궤적을 합쳐 그린 사진이다. 약 11,600km 떨어진 지구

위의 서로 다른 두 지점에서 관측된 금성의 시차효과를 보여준다. [그림 4-2]의 태양면에 그려진 두 선이 대략 6시간 동안 금성이 태양면을 통과할 때 나타나는 궤적을 보여준다.[1)]

2004년에도 금성이 태양면을 통과하였다. 이 자료를 이용하여 1AU 거리를 구하는 방법은 아래 1) 혹은 2)를 이용하면 된다.

1) **Blatter, "Venustransit 2004"** : 유도식을 살펴볼 수 있다.
2) **The 2004 Transit of Venus** : 2004년도의 태양면 통과 자료로부터 가상적인 단순 예제를 학습해볼 수 있다.[2)]

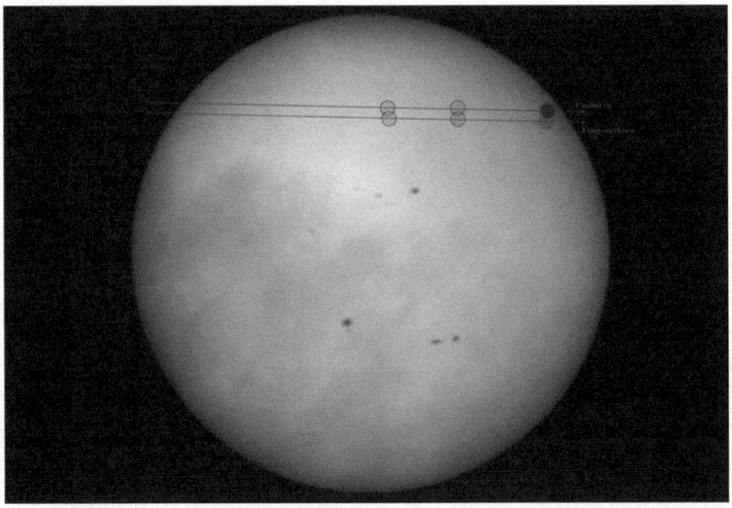

[그림 4-2] **노르웨이의 스발바르와 호주의 캔버라 지역에서 관측한 금성의 태양면 통과 궤적**

1) 2012년 자료
http://beforeitsnews.com/space/2012/09/planet-transiting-our-sun-filmed-from-two-different-observatories-shows-perspective-in-viewing-our-solar-system-2446864.html
2) http://www.phy6.org/stargaze/Svenus1.htm

다음 A)부터 H)까지의 과정을 통하여[3] 우리는 [그림 4-2]의 자료를 이용하여 1AU의 거리를 km단위로 쉽게 얻을 수 있다.

A) 관측 자료는 지구 위에서 멀리 떨어진 두 지점에서의 태양면 통과로부터 얻어졌다. 각주 2)는 카이로(Cairo, 위도 30N, 경도 32E)와 데반(Durban, 위도 30S, 경도 31E)의 두 지점을 이용하여 단순화한 것인데, 남-북을 잇는 기준선 길이는 0.917RE이다. RE는 지구의 반지름인 6,371Km이다. (주의사항: 태양관측을 보호 장비 없이 수행하지 마세요! 태양을 직접적으로 바라보는 것은 시력을 영구적으로 손상시킬 수 있습니다!)

B) 태양면 통과 자료로부터 얻은 서로 다른 (거의 겹쳐짐) 두 궤적 (태양면 위에서의 현) 사이의 분리된 각도를 알아보자([그림 4-3] 참조). 다양한 방법이 있는데, 모든 방법들은 결정적으로 태양면 통과 궤적을 운동하는 시간에 의존한다. 각주 1)은 직각 삼각형 작도법을 이용하였고, 각주 2)는 현의 반각인 θ를 이용하였다.

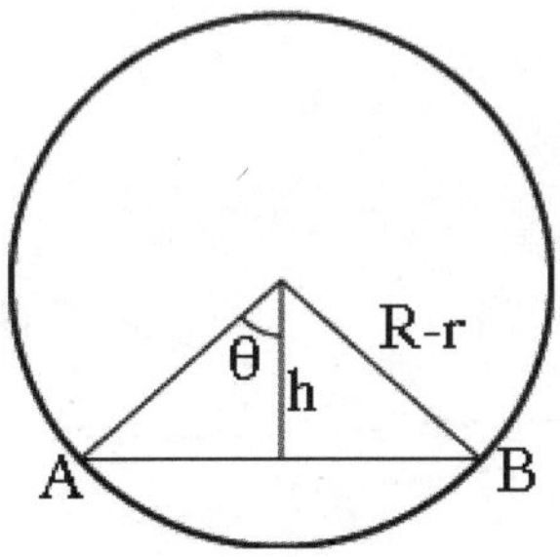

[그림 4-3] 태양면 통과 궤적과 태양 중심과의 관계

각주 2)는 궤적 사이의 분리된 각도 $\Delta\beta$ (이는 각주 1)에서 D로 표시함)를 기하학적으로 계산한 것이다.

3) http://physics.stackexchange.com/questions/29363/how-did-halley-calculate-the-distance-to-the-sun-by-measuring-the-transit-of-ven

$$\Delta\beta = (R-r)\frac{\sin^2\theta}{\cos\theta}\ \frac{\Delta T}{T} \tag{1}$$

- $\Delta\beta$는 분리된 두 궤적 사이의 각도이며, 이는 $R-r$과 같은 단위를 갖는다.
- R은 태양 각지름의 1/2 값이다. (31.5/2=15.75′)
- r은 금성 각지름의 1/2 값이다. (1/2=0.5′)
- $\theta = 46.62°$ 이다. (2004년 금성 태양면 통과 측정값)
- 평균적인 통과시간 $T = 19{,}790.5$초(5.5시간)이다.
- ΔT는 두 지점 사이의 태양면 통과시간의 차이 값으로 529초, 약 9분 미만이다.

이러한 값들로부터, 우리는 궤적 분리 값이 $\Delta\beta = 0.314'$(금성 겉보기 지름의 약 ⅓), 즉 18.81″임을 알아내었다.

C) 이 $\Delta\beta$는 태양 시차인 α_s가 아니라 금성의 시차 α_V와 α_s의 차이 값이다([그림 4-4] 참조). 이는 각주 1)의 [그림 3-2]에 기하학적으로 잘 묘사되어 있다.[4)]

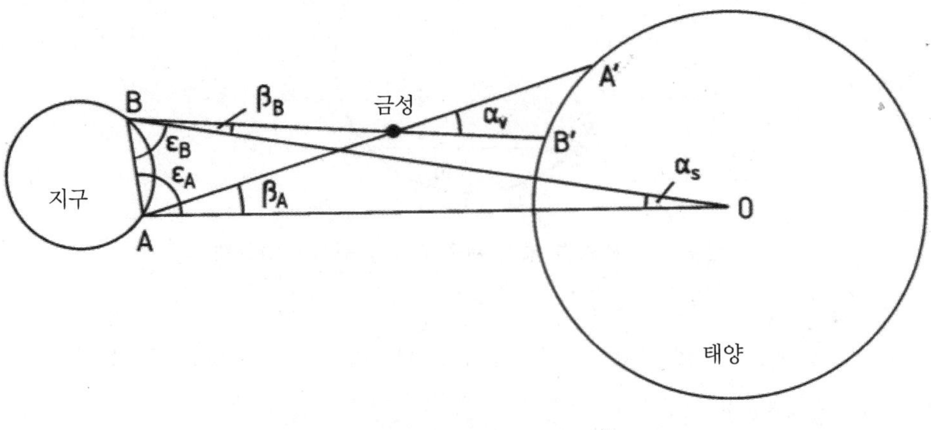

[그림 4-4] 금성의 시차

4) 최승언, 2008, 우주의 메시지, 시그마프레스, 71~74쪽 참조.

[그림 4-4]에서

$$\text{삼각형 ABV} : \alpha_v + (\varepsilon_B + \beta_B) + (\varepsilon_A - \beta_A) = 180° \quad (2-1)$$

$$\text{삼각형 ABO} : \alpha_s + \varepsilon_B + \varepsilon_A = 180° \quad (2-2)$$

위 식에서 아래 식을 빼보면, 우리는

$$\alpha_v - \alpha_s = \beta_A - \beta_B = \Delta\beta \quad (3)$$

을 알아낼 수 있다.

D) 태양과 금성의 시차들은 지구로부터의 상대적 거리와 관련되어 있다.

$$\alpha_s = \frac{b}{d_{es}} \quad (4-1)$$

$$\alpha_v = \frac{b}{d_{ev}} \quad (4-2)$$

$$\alpha_v = \alpha_s \frac{d_{es}}{d_{ev}} = \alpha_s \frac{d_{es}}{d_{es} - d_{vs}} \quad (4-3)$$

위 식에서 두 시차 α_s와 α_v는 라디안 값이다. b는 A와 B지점에서 측정된 기준선 길이이다. 참고자료 2)의 예제에서 카이로와 더반의 결과를 따르면 $b = 0.917R_E = 5,843\text{km}$. d_{es}, d_{ev}, d_{vs}는 각각 지구로부터 태양까지의 거리, 지구-금성 거리, 금성-태양 거리인데 아직 모르는 값들이다. 위 식들로부터

$$\alpha_s = \left(\frac{d_{es}}{d_{vs}} - 1\right)\Delta\beta \quad (5)$$

이다.

E) 케플러의 제3법칙(행성의 공전주기의 제곱은 타원궤도의 긴반지름의 세제곱에 비례한다.)에 따라, d_{vs}을 d_{es}에 관한 값으로 나타낼 수 있다. 금성의 공전주기는 0.616년이므로,

$$d_{vs}/d_{es} = 0.616^{2/3} = 0.724AU \tag{6}$$

(d_{es}=1AU=지구 궤도의 긴반지름)

F) 단계 D)의 α_s에 관한 방정식에 대입하여 계산해보면,

$$\alpha_s = (1.015/0.724 - 1)(18.81) = 7.56\text{초} \tag{7}$$

이다. (태양으로부터 지구의 거리는 2004 태양면 통과 시기에는 1.015AU이었다.)

G) 지구반지름이 1일 때의 태양 시차 p_s는 참고자료 2)의 기하학적 방식으로 측정한 지구 반지름 0.917을 기준으로 보면, $p_s = \alpha_s/0.917 = 8.37''$이다. 태양 시차 값을 8.79″로 두었으므로, 이 예의 오차는 약 5%이다.

H) 계산된 태양 시차 값을 라디안으로 나타내면, 8.37″는 $40.58\mu rad.$이다. 따라서

$$d_{es} = 1AU = 6{,}371/40.58 \times 10^{-6} = 1.57 \times 10^8\,\text{km} \tag{8}$$

이며 실제 값이 1.495×10^8 km이기에, 오차는 약 5%이다.

I) (1)의 식을 유도해 보자.

J) **2012년의 경우에는** $\Delta\beta$를 측정할 때에 [그림 4-2]의 사진을 이용할 수 있다. 태양의 시직경을 0.5°라 가정하면, $\Delta\beta$의 값은 얼마인가?

K) 2012년의 경우, J)에서 구한 $\Delta\beta$ 값에 의하면 1AU는 몇 km 인가?

이 활동을 통하여 우리는 지구와 태양 사이의 거리인 1AU가 대략 1억 6천만 km 정도가 됨을 알게 되었다. 그런데 이 활동에서는 태양과 지구 사이의 거리가 1이라면 태양과 금성 사이의 거리가 0.724 정도가 됨을 알고 있어야 한다. 더구나 태양과 지구의 궤도가 거의 원에 가까운 궤도라는 가정하에 이 활동을 하게 된다. 이러한 가정을 타당하게 해주는 활동은 다음 5장과 6장에서 다루고 있다.

활동 6 태양과 지구 사이의 거리 구하기

[실험목적]

금성의 태양면 통과 자료를 이용하여 태양과 지구 사이의 거리를 구할 수 있다.

[준비물]

금성의 태양면 통과 사진, 자, 계산기

[이론적 배경][5)]

금성의 태양면 통과 현상을 이용하여 태양과 지구 사이의 거리를 구할 수 있는 방법은 헬리 혜성을 발견한 에드몬드 헬리(Edmond Halley)에 의해 제기되어 오래전부터 사용되어 오는 방법이다. 2004년 6월 8일에 관측된 자료를 이용하여 태양과 지구 사이의 거리를 구해 보자.

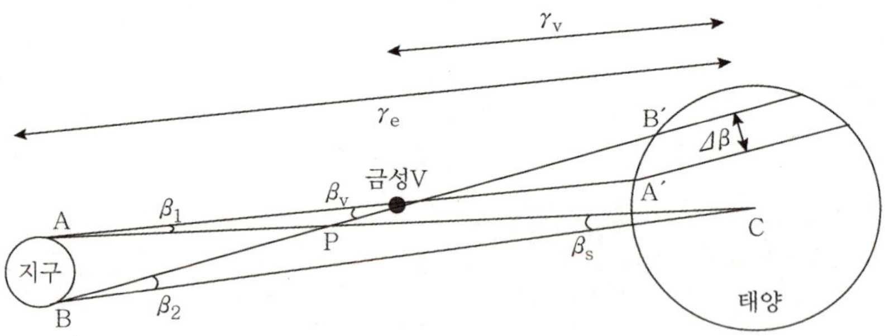

금성이 태양면을 통과할 때, 지구의 같은 경도 상에서 멀리 떨어진 두 지점 A와 B의 관측자에게 태양면에서 금성의 궤적이 A'와 B'로 보인다고 하자. 계산을 간단히 하기 위해 지구 중심과 금성 중심과 태양 중심을 같은 평면이라고 생각하자.

5) 최승언, 2008. 우주의 메시지, 시그마프레스.

그림에서 태양 중심을 고려할 때 $\Delta\beta = \beta_2 - \beta_1$ 이다.

그리고 ∠APV=∠BPC이므로 $\beta_v + \beta_1 = \beta_s + \beta_2$이고, $\beta_v - \beta_s = \beta_2 - \beta_1 = \Delta\beta$ 이다.

$\Delta\beta = \beta_s\left\{\left(\frac{\beta_v}{\beta_s}\right) - 1\right\}$이고, △AVB와 △ACB를 부채꼴로 가정하고 부채꼴 호의 길이 공식을 이용하면, $\beta_v = \frac{\overline{AB}}{r_e - r_v}$, $\beta_s = \frac{\overline{AB}}{r_e}$이다.

그러므로 $\frac{\beta_v}{\beta_s} = \frac{r_e}{r_e - r_v}$이며 $\Delta\beta = \beta_s\left\{\left(\frac{r_e}{r_e - r_v}\right) - 1\right\} = \beta_s\frac{r_v}{(r_e - r_v)}$이다.

따라서 태양시차는 $\beta_s = \Delta\beta\left\{\left(\frac{r_e}{r_v}\right) - 1\right\}$이다.

지구 공전주기 365.25일, 금성 공전주기 224.7일이므로, 케플러 제3법칙을 이용하면

$\left(\frac{r_e}{r_v}\right)^3 = \left(\frac{365.25}{224.7}\right)^2$ 이므로 $\frac{r_e}{r_v} = 1.38248$이다.

이것을 태양 시차에 넣으면 $\beta_s = \Delta\beta\left\{\left(\frac{r_e}{r_v}\right) - 1\right\} = \Delta\beta(1.38248 - 1)$이고, $\beta_s = 0.38248\Delta\beta$이다. 이를 $\beta_s = \frac{\overline{AB}}{r_e}$에 대입하면 태양과 지구 사이의 거리 $r_e = \frac{\overline{AB}}{\beta_s} = \frac{\overline{AB}}{0.38248\Delta\beta}$이 된다.

[관측자료]

2004년 6월 8일 스페인의 엘 테이데(El Teide)와 오스트레일리아의 리어먼스(Learmonth)에서 관측한 자료를 이용해보자.

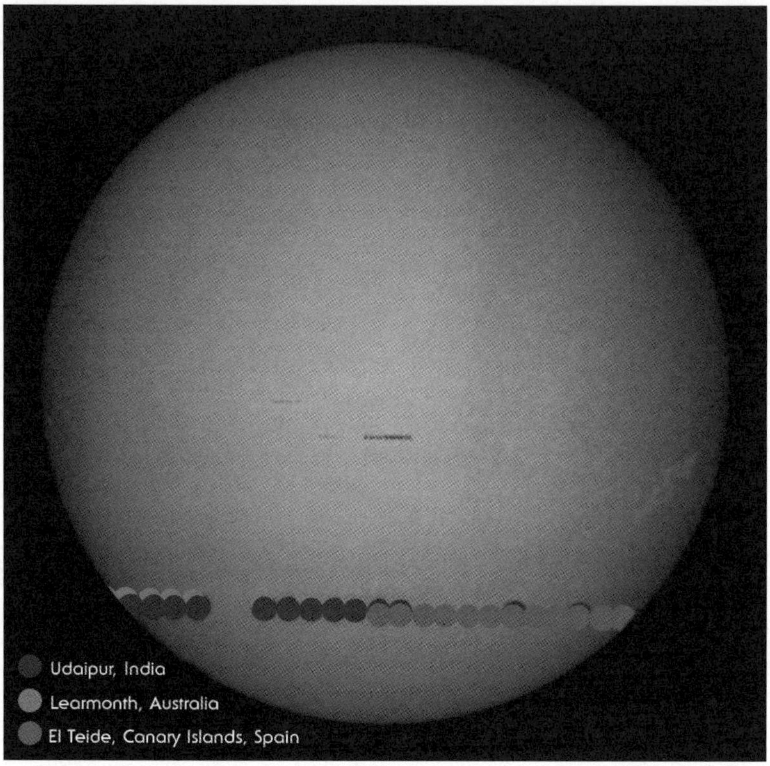

[그림 4-5] GONG(Global Oscillation Network Group). National Solar Observatory에서 태양을 연구하기 위해 6개의 장소에 관측소를 설치하여 연합으로 연구하는 단체이다.

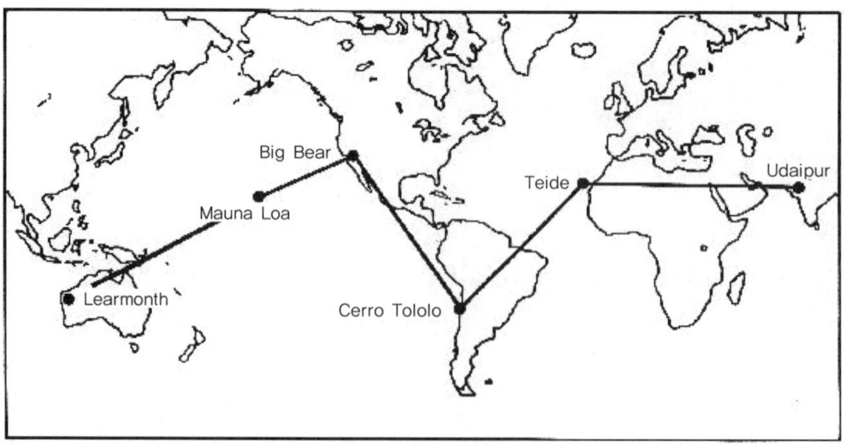

Site	Latitude	Longitude	Elevation
Learmonth	S 022° 13' 06.6"	E 114° 06' 09.8"	14.7m
Udaipur	N 024° 36' 53.8"	E 073° 40' 10.9"	676.9m
El Teide	N 028° 18' 03.0"	W 016° 30' 43.0"	2425.0m
Cerro Tololo	S 030° 10' 04.2"	W 070° 48' 19.7"	2190.0m
Tucson	N 032° 16' 47.8"	W 110° 56' 08.8"	715.2m
Big Bear	N 034° 15' 37.2"	W 116° 55' 17.1"	2063.1m
Mauna Loa	N 019° 32' 10.1"	W 155° 34' 33.3"	3471.3m

활동 6 태양과 지구 사이의 거리 구하기

1. 스페인의 엘 테이데(El Teide, 28.1°N, 16.4°W)와 오스트레일리아의 리어먼스(Learmonth, 22.22°S, 114.10°E) 두 지점 사이의 거리는 얼마인가?

2. $\Delta\beta$ 의 값은 얼마인가?

3. 태양과 지구 사이의 거리는 얼마인가?

4. 오차는 얼마인가?

05 행성의 궤도

1) 기반이 되는 과학 이론 배경

지동설(모든 행성은 태양을 중심으로 공전한다는 행성 운동에 관한 이론)의 관점에서 학습이 진행되어야 한다. **천동설, 지동설과 관련된 과학사적 논의 학습**을 마친 후나, **행성 운동을 설명할 수 있는 모델링 수업**을 한 후에 본 학습을 진행하는 것이 바람직하다. **지동설은** 행성 우주 탐사선의 사진 관측 결과로 인하여 **이제는 사실이 되었다.**

2) 기초 학습

1. 태양계 내의 행성에는 어떤 것들이 있으며, 태양으로부터 얼마나 떨어져 있는가?

2. 이러한 행성들은 밤하늘에서 어떤 모습으로 겉보기운동을 하는가?

3. 행성의 궤도란 무엇인가?

4. 태양계 내의 행성의 궤도들은 거의 같은 평면 상에 있고, 이 평면을 **황도**라 부른다. 행성들의 궤도가 거의 같은 평면 상에 있다면 행성들이 밤하늘에서 어떻게 관측될까?

5. 지구에 있는 관측자는 **행성의 위치가 변화한다는 것**을 어떻게 알 수 있었을까?

6. 지동설의 관점에서 관측자는 행성의 위치 변화를 **어떤 방법으로** 관측할 수 있을까?

7. 천문에서 정의되는 **이각(離角, elongation)**이란 어떤 각도인가?

8. 삭이나 보름 때 달의 이각은? 반달일 경우의 이각은? 이때는 방향을 어떻게 구별할까?

9. 내행성이란? 외행성이란?

10. 내행성의 이각의 변화는? 외행성일 경우는?

11. 내행성의 경우는 그 행성의 궤도를 어떤 방법으로 알 수 있을까?

12. 외행성의 경우는 그 행성의 궤도를 어떤 방법으로 알 수 있을까?

3) 중등 교육과정에서 다루는 행성의 궤도 결정

중학교에서는 금성과 화성의 공전궤도를 아래와 같이 수행하여 결정한다.

준비물: 각도기, 종이, 자(30cm), 컴퍼스, 계산기

A. 금성의 공전궤도 결정

(절차)

① [그림 5-1]과 같이, 종이에 직선 SE의 길이가 10cm 되게 그리고, 각도기를 사용하여 E에서 47°가 되게 직선을 긋자.

② S에서 이 직선에 수선을 내려 그 교점을 V라 하고 S를 중심으로 반지름 SV인 원을 그리면 이것이 금성의 공전궤도가 된다. 또 S를 중심으로 반지름이 SE인 원을 그리면 이 원이 지구의 공전궤도이다.

(해석 및 정리)

① 지구와 태양 사이의 거리를 1이라고 할 때, 금성의 궤도 반지름은 얼마나 되는가?

② 지구의 궤도 반지름이 약 1.5×10^8km라면, 금성이 지구에 가장 가깝게 접근하였을 때, 지구에서 금성까지의 거리는 얼마인가?

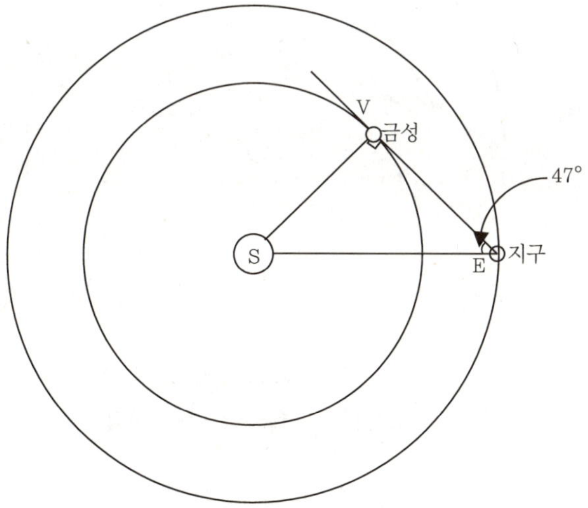

[그림 5-1] 금성의 궤도 결정

B. 화성의 공전 궤도 결정

(절차)

① 화성은 지구 공전 궤도보다 밖에 있으며, 약 687일의 주기로 태양을 중심으로 공전한다. 지구의 공전 주기는 약 365일이므로 화성이 태양을 한 바퀴 돌아오는 동안 지구는 한 바퀴를 돌고 318°를 더 돌게 된다. 이때 화성과 태양이 이루는 각도를 측정하면 화성의 궤도를 결정할 수 있다.

② [그림 5–2]와 같이 태양 S를 중심으로 반지름 5cm 정도의 원을 그리고 이를 지구의 공전 궤도로 한다.

③ 직선 SE1을 그은 다음, S에서 42° 되게 직선을 그어서 원과의 교점을 E_2라고 한다.

④ E_1에서 112°, E_2에서 144° 되게 직선을 그어서 그 교점을 M이라 하고, MS를 반지름으로 하는 원을 그리면 이것이 화성의 공전 궤도이다.

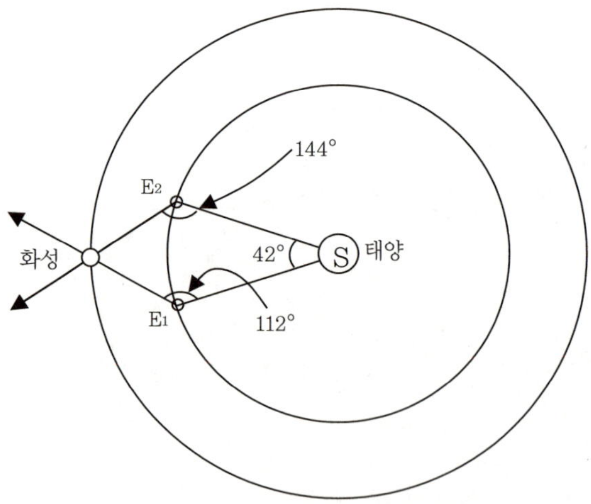

[그림 5–2] 화성의 궤도 결정

(해석 및 정리)

① 지구의 궤도 반지름을 1이라고 할 때, 화성의 궤도 반지름은 얼마나 되는가?

② 지구에서 태양 간의 거리를 1로 하여, 각 행성들의 공전 궤도의 상대적인 크기를 나타내어 보자.

행 성	궤도 반경 ($\times 10^8$km)	상대적 크기
수 성	0.6	
금 성	1.1	
지 구	1.5	1.0
화 성	2.3	
소 행 성	4.1	
목 성	7.8	
토 성	14.4	
천 왕 성	28.9	
해 왕 성	45.0	

(1) 위 활동에서는 **어떤** 물리량을 알고 있어서, **어떻게** 행성의 궤도를 결정하였나?

(2) 그렇다면 두 행성의 궤도를 결정할 때, 어떤 **가정**들을 하였나?

(3) 케플러는 그의 제1법칙에서 "모든 행성의 궤도는 태양을 한 초점으로 하는 타원 궤도이다."라고 하였다. 그렇다면 2)에서 사용한 **가정은 타당한가**?

(4) 그렇다면 우리는 이 문제를 어떻게 풀어 나가야 하는가?

(5) 위 실험을 통하여 의문이 나는 사항들은 어떤 것이 있는가?
예를 들어 지구의 공전 주기가 왜 365일인가? 그렇다면 365.2422일인가? 그렇다면 윤년은? 화성의 공전 주기는 왜 687일인가? 그것을 지구에서 어떻게 알 수 있었을까?

4) 심화 학습

A. 지구의 궤도

1. 지구의 궤도는 원 궤도인가? 아니면 그렇지 않은가?

2. 이를 어떤 방법으로 알아 볼 수 있을까? 우리가 할 수 있는 가능한 방법이 있는가?

3. 우리는 사진을 찍을 때, 사진기에 가까이 위치한 사람과 멀리 위치한 사람의 상을 구별할 수 있다. 그 이유는 무엇인가?

4. 만약에 동일한 위치에서 사진기에 가까이 위치한 어떤 사람의 서있는 모습을 사진 찍고, 또 동일한 사람을 사진기에서 멀리 떨어진 위치에 서 있게 한 다음, 동일한 모습으로 사진을 찍으면, 어떻게 보일까?

5. 위 두 사진을 이용하여 사진기에서 떨어진 거리를 유추할 수 있을까? 어떤 방법을 이용할까?

6. 우리가 가진 사진기로 태양을 직접 1년간 촬영한다면, 태양의 크기 변화를 알 수 있을까?

7. 우리가 가진 소형 망원경에 사진기를 부착하여 태양을 직접 1년간 촬영한다면, 태양의 크기 변화를 알 수 있을까?

8. 다음의 [그림 5-3]은 1992년 1월 23일, [그림 5-4]는 1992년 4월 22일, [그림 5-5]는 1992년 7월 21일, [그림 5-6]은 1992년 10월 19일 일본 요코 태양 우주 망원경으로 태양의 표면을 가시광선으로 촬영한 것이다.

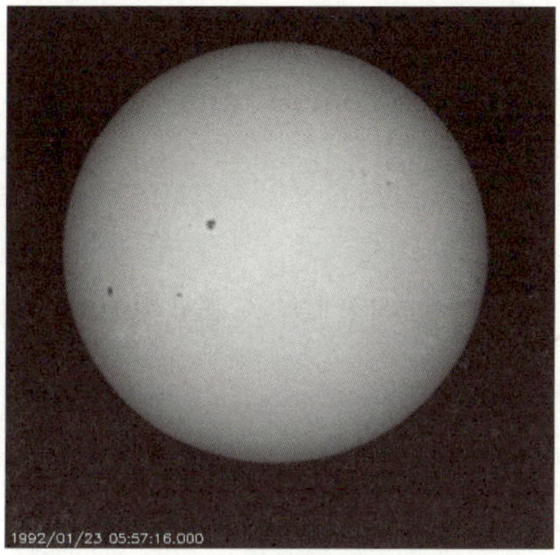

[그림 5-3] 1992년 1월 23일

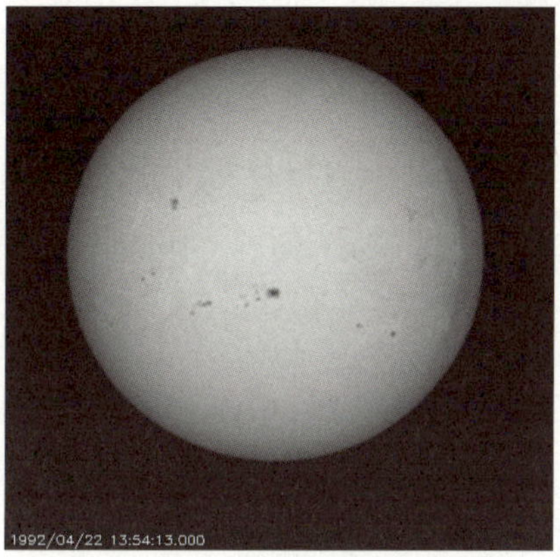

[그림 5-4] 1992년 4월 22일

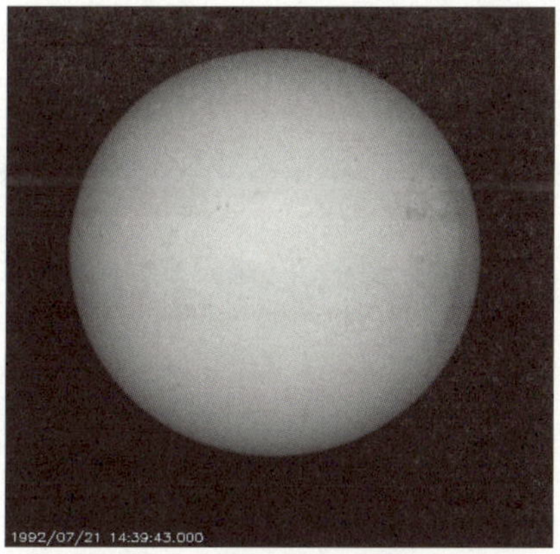

[그림 5-5] 1992년 7월 21일

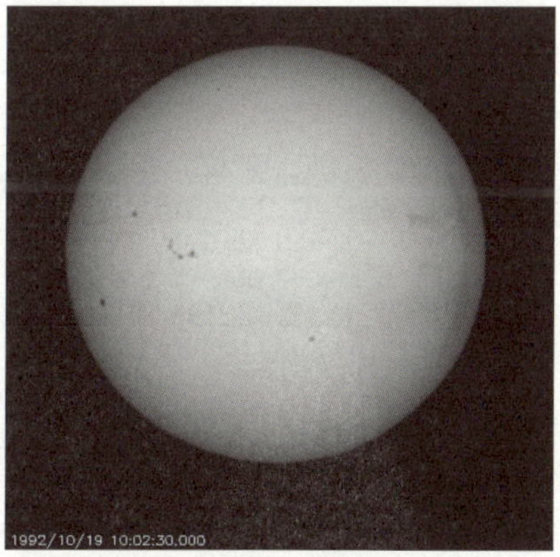

[그림 5-6] 1992년 10월 19일

(1) 태양 표면의 사진을 왜 3개월 간격으로 4개만을 골랐을까? 사진이 더 있으면 어떤 장점이 있는가?

(2) 4개의 상은 다 같은 크기인가? 어떤 상이 제일 크고, 어떤 상이 제일 작은가?

(3) (2)의 결과는 어떤 가정을 근거로 말할 수 있는가?

(4) 위의 결과로 지구의 궤도가 원 궤도라고 할 수 있는가?

(5) 위의 사진을 가지고 태양까지의 실제 거리를 알려면 어떤 정보가 필요한가?

(6) 태양의 반경이 7×10^5km이며, 1월 23일 태양 이미지의 시각은 1940.4″이다.

① 시각이란 무엇인가?

② 각 사진에 의하면 태양-지구 사이의 거리는 어떻게 변하는가?

(7) 케플러가 이야기하였듯이 지구의 궤도도 태양을 한 초점으로 하는 타원궤도라면

① 타원이란? 그렇다면 지구의 타원 궤도는 어떤 형태일까?

② 이심률(離心率)이란? 그렇다면 지구 궤도의 이심률은?

③ 원의 이심률은? 위의 자료로 구한 지구 궤도 이심률과 비교하시오.

④ 기초 학습에서 이용하였던 가정 중 어떤 가정과 관련이 있으며, 그 가정이 타당한가?

9. SOHO 천문대에서 제공하는 태양 사진(부록 1 참조)의 시직경을 측정하여 그려본 지구의 궤도는 아래 그림과 같다.[6] x축의 방향이 춘분점의 방향이기에 추분날(9월 22일이나 23일경) 지구는 (1, 0)에 해당하는 위치에 있게 된다. 잘 보면 지구는 1월 3일경에 원일점 근처에, 7월 4일경에 근일점 근처에 위치하고 있음을 알 수 있다. 따라서 계절은 지구와 태양 사이의 거리 때문이 아니라 다른 이유 때문에 존재한다. 그 이유를 **추론**해 보시오(5장 참조).

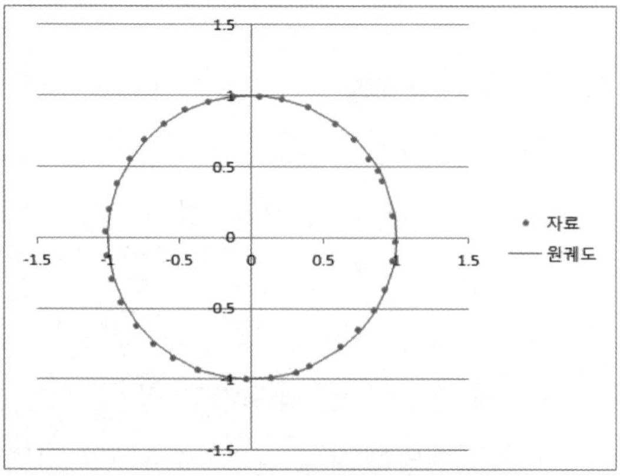

6) 6장에서 자세히 다룰 것이다.

B. 데이터의 수가 많은 경우의 수성, 금성, 화성의 궤도(5장 참조)

1. 아래의 수성, 금성, 화성의 자료는 [천문 역서]를 통하여 얻은 것이다.

〈표 5-1〉 수성의 최대이각

날짜	최대 이각
1979/03/08	18 E
1979/04/21	27 W
1979/07/03	26 E
1979/08/19	19 W
1979/10/29	24 E
1979/12/07	21 W
1980/02/19	18 E
1980/04/02	28 W
1980/06/14	24 E
1980/08/01	19 W
1980/10/11	25 E
1980/11/19	20 W
1989/01/08	19 E
1989/02/18	26 W
1989/04/30	21 E
1989/06/18	23 W
1989/08/28	27 E
1989/10/10	18 W
1989/12/22	20 E
1990/02/01	25 W
1990/04/13	20 E
1990/05/31	25 W
1990/08/11	27 E
1990/09/24	18 W
1990/12/05	21 E

〈표 5-2〉 금성의 최대이각

날짜	최대이각
1983/06/15	45 E
1983/11/04	47 W
1985/01/21	47 E
1985/06/12	46 W
1986/08/26	46 E
1987/01/15	47 W
1988/04/02	46 E
1988/08/22	46 W
1989/11/08	47 E
1990/03/30	46 W

〈표 5-3〉 화성의 자료

날짜	태양-지구-화성 사이 이각	태양 중심의 지구 위치
69/08/17	108	324(-36)
71/07/05	219(-141)	282(-78)
73/05/22	278(-82)	241(-119)
74/01/02	111	101
75/11/20	214(-146)	57
77/10/07	276(-84)	14
80/04/09	138	199(-161)
82/02/25	234(-126)	156
관측일	**춘분점-태양-지구 사이의 각**	**춘분점-지구-화성 사이의 각**
74/01/01	100	31
75/11/19	56	91
74/03/18	177	71
76/02/03	133	76
74/08/09	316	158
76/06/25	273	144
74/11/25	62	230
76/10/11	18	212
75/03/01	160	299
77/01/16	116	282
75/08/16	319	57
77/06/28	276	46

(1) 지구의 궤도를 원궤도로 가정하고, 기초 학습과 〈표 5-1〉을 바탕으로 수성의 궤도를 결정하여 보시오.

① 수성의 궤도는 원궤도인가? 아니면 타원궤도로 볼 수 있는가?

② 수성 궤도가 타원궤도라면, 궤도의 긴반지름은 몇 AU인가?

③ 수성 궤도가 타원궤도라면, 궤도의 이심률은?

④ 수성 궤도가 타원궤도라면, 궤도의 근일점은 대략 어느 곳에 위치하는가?

(2) 지구의 궤도를 원궤도로 가정하고, 기초 학습과 〈표 5-2〉를 바탕으로 금성의 궤도를 결정하여 보시오.

① 금성의 궤도는 원궤도인가? 아니면 타원궤도로 볼 수 있는가?

② 금성 궤도가 거의 원궤도라면, 궤도의 반경은 몇 AU인가?

금성의 궤도가 거의 원이기에 금성의 태양면 통과를 이용하여 태양과 지구 사이의 거리 1AU가 몇 km에 해당하는지를 구하기 쉬웠다.

(3) 지구의 궤도를 원궤도로 가정하고, 기초 학습과 〈표 5-3〉을 바탕으로 화성의 궤도를 결정하여 보시오.

① 화성의 궤도는 원궤도인가? 타원궤도인가?

② 화성의 궤도를 원이나 타원으로 정확히 결정하지 못하는 이유는?

③ 그러나 케플러는 튀코 브라헤(Tycho Brahe)의 화성 데이터를 이용하여 타원궤도임을 밝혔다.
왜 우리의 결과와 달랐을까?

(4) 위의 데이터를 이용하여 수성, 금성, 화성의 공전주기를 구하여 보자.

(5) 기초 학습에서는 데이터가 하나였으나 본 학습에서는 데이터가 여럿이었다. 결과에 어떤 차이가 있는가?

(6) 다음 그림은 〈표 5-3〉의 화성 자료를 바탕으로 그린 것이다. 자신이 그린 결과와 비교해 보시오.

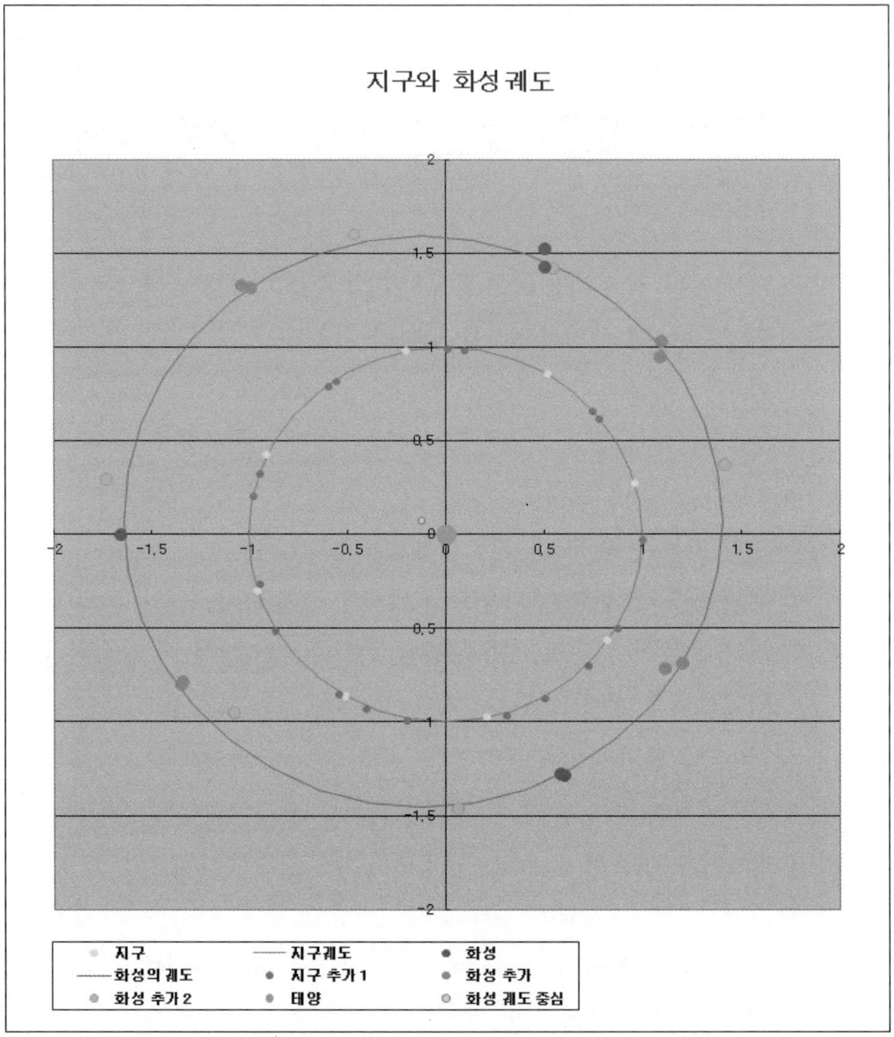

[그림 5-7] 〈표 5-4〉에 의한 화성의 궤도

5) 프로젝트 학습

그렇다면 달도 지구 둘레를 타원 궤도로 공전할까?(6장 참조)

1. 어떠한 방법으로 이 문제를 풀 수 있을까?

2. 우리는 어디서, 어떠한 자료를 얻을 수 있을까?

3. 우리가 할 수 있는 관측은 어느 정도인가?

4. 하나의 예
   (1) 한 달 동안 달 사진을 촬영하여 보자([그림 5-8] 참조).
   (2) 달의 위상은 어떤 정보를 우리에게 주는가?
   (3) 달이 크고 작음은 어떤 정보를 우리에게 주는가?
   (4) 태양과 지구와 달 사이의 관계를 생각하며, 달의 궤도를 그려보자.
      ① 지구가 고정되어 있다고 가정하면, 달의 궤도는?
      ② 태양은 고정되어 있고 지구와 달은 모두 움직인다면, 달의 궤도는?
5. [그림 5-8]로부터 어떤 정보를 더 얻을 수 있는가?
6. 이 프로젝트를 하면서 어떠한 의문이 생기는가?
7. 생성된 의문과 관련된 가설을 설정하여 보자.
8. 설정한 가설을 더 연구하기 위하여 필요한 사항들은 어떤 것들이라 생각되는가?

〈생각해 보기〉

자연법칙은 어떻게 만들어질까?

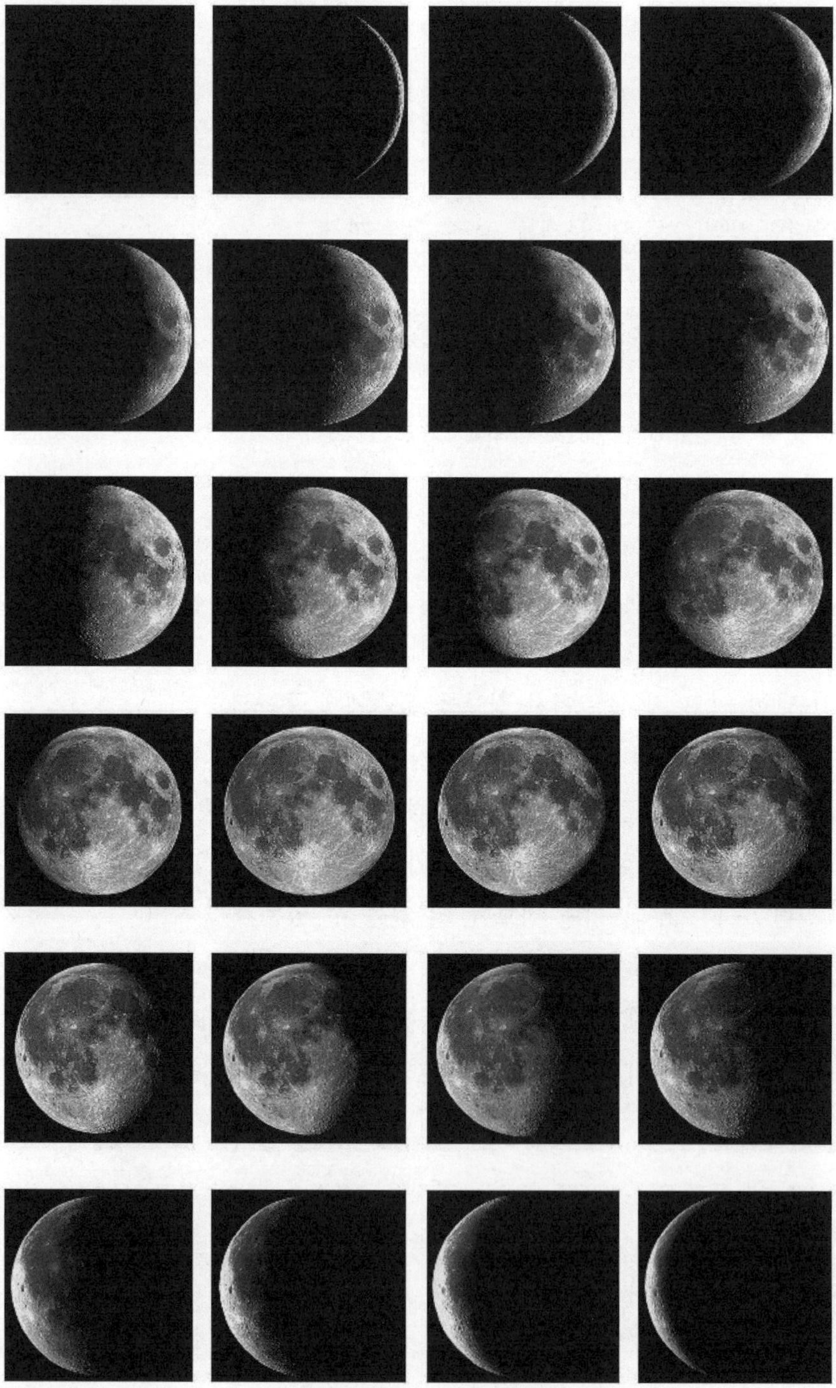

[그림 5-8] **달의 위상 변화**

5. 또 하나의 예

(1) 아래 사진을 가지면 달의 궤도를 그릴 수 있다. 어떤 방법을 사용해야 할까?

※ 힌트: 보름달의 태양에 대한 경도는 지구의 태양에 대한 경도와 같다.

(국립고흥청소년우주센터에서 제공)

그 결과는 아래 그림과 같다.

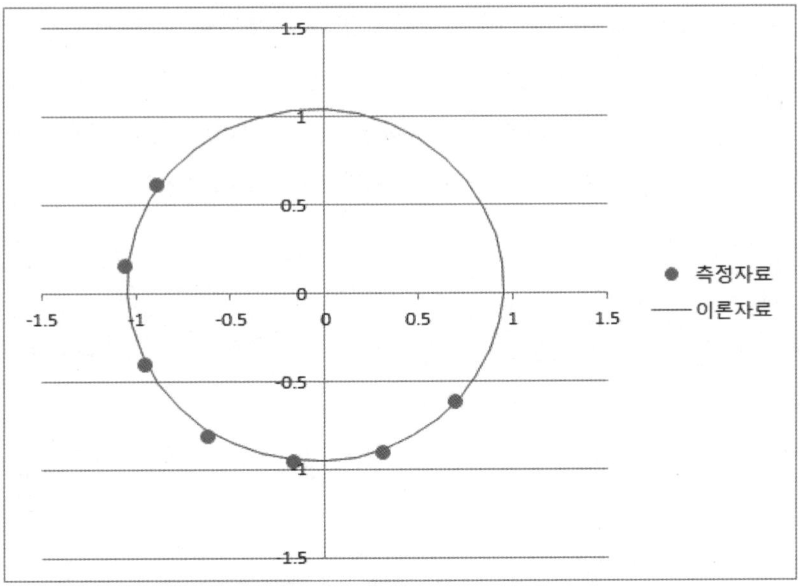

(2) 달의 위상과 크기를 가지고 그렸던 달의 궤도와 비교해 보면 결과가 어떠한가?

(3) 첫 번째 예의 방법(75p 참조)과 이 방법의 차이는 무엇인가? 장단점을 비교해 보시오.

활동 7 위상 변화를 이용한 달의 궤도

[실험 목적]

관측한 달의 크기변화와 위상변화를 이용하여 달의 궤도를 결정한다.

[준비물]

자, 컴퍼스, 각도기, 계산기, 크게 확대한 달의 위상 변화 사진, 엑셀 프로그램이 작동되는 컴퓨터(선택)

[이론적 배경]

달은 지구 주위를 돌고 있기 때문에 지구가 태양 주위를 도는 경우와는 조금 다를 것이다. 태양과 지구 사이에서는 지구가 태양을 공전하므로 지구의 궤도를 알기 위해서는 태양까지의 거리만을 생각하면 된다. 그러나 달의 경우에는 우리가 중심에 있으므로 달의 궤도는 거리와 각도를 함께 생각하여야 한다.

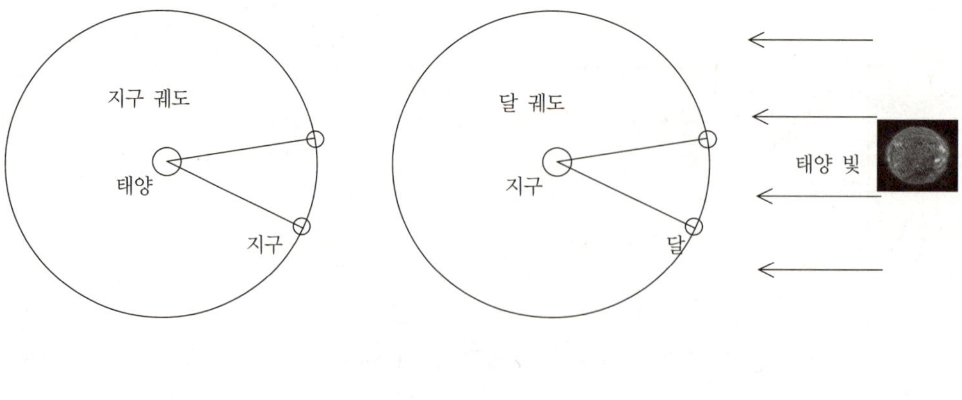

달의 위상을 기하학적으로 나타내면 다음 그림과 같다.

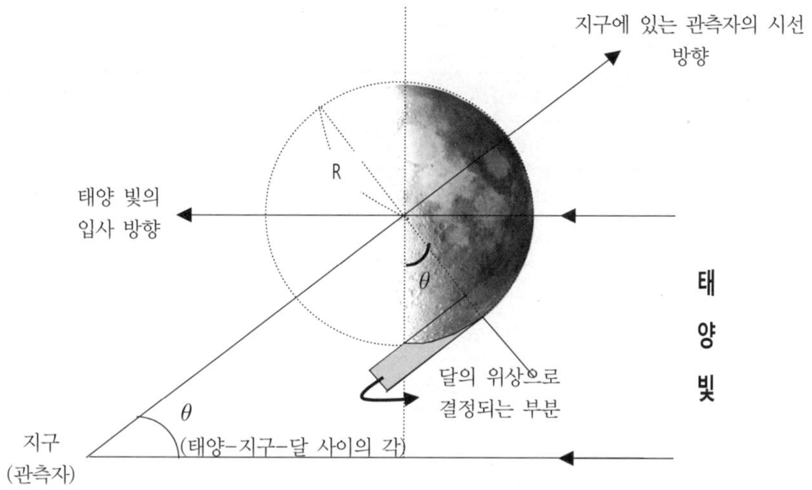

달의 반지름을 R이라 할 때, 어두운 부분은 R+Rcos(θ), 보이는 부분은 R-Rcos(θ)가 된다. 따라서 보이는 부분과 어두운 부분의 비는 $\frac{1-\cos\theta}{1+\cos\theta}$가 된다. 망인 경우에 $\theta=180°$이므로 보이는 부분이 2R, 어두운 부분은 0이 된다. 반대로 삭인 경우에는 $\theta=0°$이므로 보이는 부분이 0, 어두운 부분이 2R이 되는 것이다. 한 삭망월 동안 달의 크기를 관측해 보면 달이 가장 커 보일 때와 가장 작아 보일 때를 한 번씩 지나게 된다. 따라서 달의 궤도도 지구의 공전 궤도와 마찬가지로 타원 궤도임을 알 수 있게 된다. 그러나 달이 항상 특정한 위상 근처에서 커 보이는 것은 아니다. 이를 확인하기 위해서는 달 사진을 장기간 찍어 보면 알 수 있다. 각도에 따른 달의 밝은 부분과 어두운 부분의 비는 다음 표에 계산되어 있으므로 참고하면 된다.

$\theta(°)$	$\frac{1-\cos\theta}{1+\cos\theta}$	$\theta(°)$	$\frac{1-\cos\theta}{1+\cos\theta}$
0	0	190	130.6461
10	0.007654	200	32.16344
20	0.031091	210	13.92820
30	0.071797	220	7.548632
40	0.132474	230	4.598910
50	0.217443	240	3
60	0.333333	250	2.039607
70	0.490291	260	1.420277
80	0.704088	270	1
90	1	280	0.704088
100	1.420277	290	0.490291
110	2.039607	300	0.333333
120	3	310	0.217443
130	4.598910	320	0.132474
140	7.548632	330	0.071797
150	13.92820	340	0.031091
160	32.16344	350	0.007654
170	130.6461	360	0
180	보름		

활동 7 위상 변화를 이용한 달의 궤도

1. 위 사진에 나타난 달의 크기가 모두 같은가? 이를 정확하기 비교하기 위해 어떤 방법을 사용할 수 있을까? 이때, 필요한 가정은 무엇일까?

2. 위의 달의 사진을 이용하여 지구에서 달까지의 거리를 구해 보자.

사진 번호	측정 1	측정 2	측정 3	평균	지구-달 거리(환산)
1					
2					
3					
4					
5					
6					
7					
8					
9					
10					
11					
12					
13					
14					
15					
16					
17					
18					
19					
20					
21					
22					
23					

3. 지구에서 관찰한 태양의 모습과 달리 달은 지구를 공전하면서 그 모양이 바뀌게 된다. 이를 통해 달의 공전 궤도 상에서 달의 위치를 정확하게 결정할 수 있다.

(1) 달의 위상 변화를 대략적으로 나타내 보면 다음 그림과 같은 원리에 의한다. 달의 위상 변화를 설명하는 데 필요한 가정은 무엇일까? 모두 써 보자.

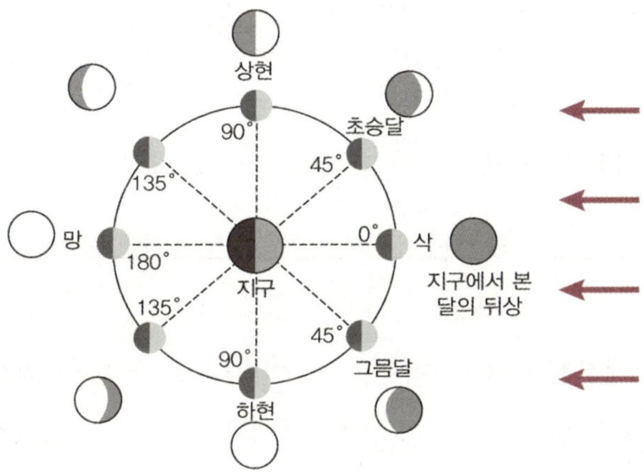

(2) 달의 위상 변화를 기하학적으로 나타내면 다음과 같다.

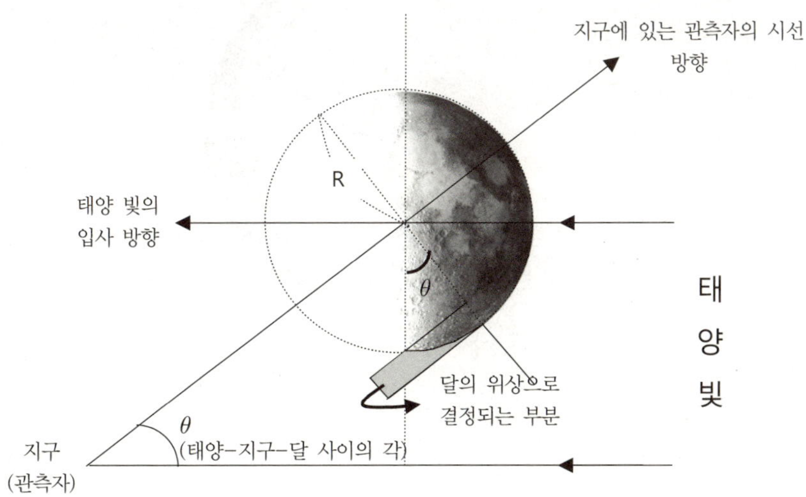

이를 이해하기 위해 다음에 나타난 절차대로 생각해 보자.

> 태양-지구-달이 이루는 각의 크기 : [?]
>
> 달의 반지름 : [?]
>
> 보름달로 보일 때 지구에서 보이는 달의 밝은 부분을 달의 지름과 같은 2R이라고 하면, 위의 그림에서
>
> 밝게 보이는 부분 : R-[?]
>
> 어두워 보이지 않는 부분 : R+[?]
>
> 따라서 보이는 부분과 어두운 부분의 비는 [?]
>
> 보름인 경우에 θ=180°이므로 보이는 부분은 2R이 되는 것과 같이 삭인 경우에 θ=[?]°이므로 보이는 부분은 [?],
>
> 상현 또는 하현인 경우에 θ=[?]°이므로 보이는 부분과 어두운 부분의 비는 [?] : [?]이다.

(3) 위에서 계산했던 지구-달 사이의 거리(환산)와 달의 위상 변화를 이용한 태양-지구-달 사이의 각도(θ)를 통해 달의 궤도를 비교적 정확하게 그려 보자. 태양-지구-달 사이의 각도를 구하는 방법은 다음과 같다.

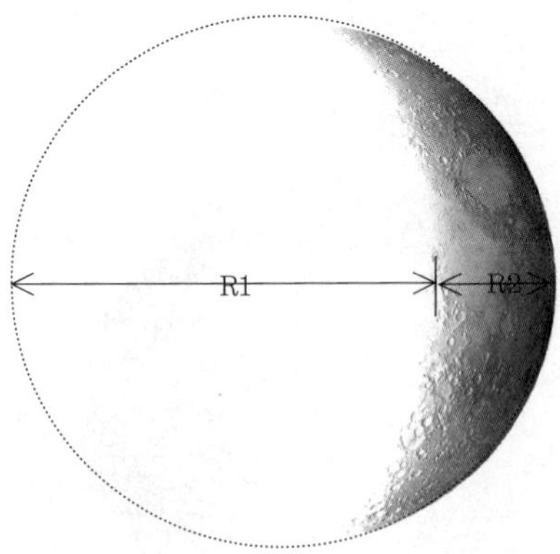

① 위에서 지구–달 거리를 계산하기 위해 달의 지름을 결정하는 과정을 거쳤다. 이 결과를 활용하여 달의 지름을 긋는다.

② 달 사진에서 보이는 부분(R_2)과 어두운 부분(R_1)의 길이 비 $\frac{R_2}{R_1}$을 계산하면, 바로 이 값이 $\frac{1-\cos\theta}{1+\cos\theta}$가 되므로 θ를 결정할 수 있다.

사진 번호	측정 1	측정 2	측정 3	평균	θ
1					
2					
3					
4					
5					
6					
7					
8					
9					
10					
11					
12					
13					
14					
15					
16					
17					
18					
19					
20					
21					
22					
23					

(4) 위에서 계산한 값과 엑셀 프로그램을 활용하여 달의 공전 궤도를 그려 보자.

(5) 이 활동을 통해 새롭게 알게 된 사실을 5줄 내외로 정리해 보자.

06 지구의 궤도는 타원궤도인가?

중・고등학교에서의 과학교육과정에서 이러한 질문은 꽤나 도발적이다. 왜냐하면 대부분 과학교과서에서는 지구의 궤도를 원으로 그리기 때문이다. 그러나 과학교과서는 왜 지구의 궤도를 원으로 그리는지에 대해서는 설명하지 않고 있다. 그냥 지구의 궤도는 원이라고만 한다. 더 자세히 말하면 태양과 지구 사이의 거리가 약 1억 5천만 km 떨어진 원이다. 따라서 태양은 그 원의 중심에 있고, 지구는 원호를 따라 대략 365.25일의 주기로 공전한다. 그런데 실제로 지구의 궤도는 원이 아니다.

그렇다면 초등학교 정도의 아이디어를 가지고 지구의 궤도가 원이 아니라는 사실을 어떻게 증명할 수 있을까?

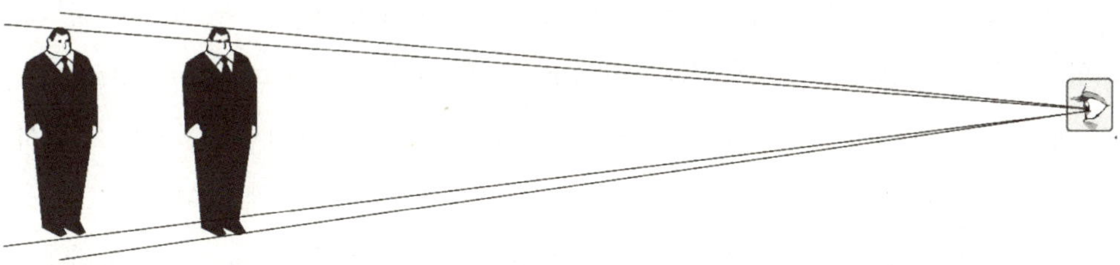

[그림 6-1] 시각에 따른 거리의 변화

우리가 사물을 바라보면 [그림 6-1]과 같이 그 사물이 우리 눈에서 멀어지면 작게 보인다. 즉 시각(視角)이 작아진다. 마찬가지로 태양도 우리 지구에서 멀어지면 [그림 6-2]와 같이 커져 보이거나 작아 보인다.

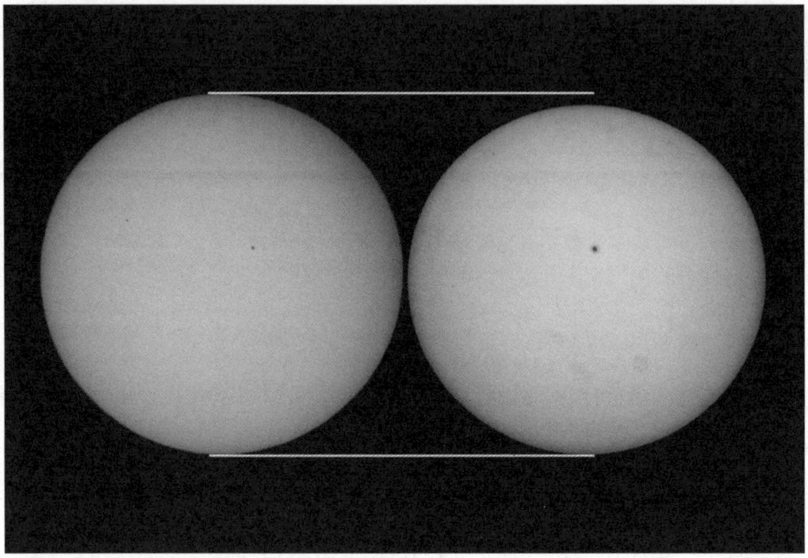

[그림 6-2] **태양의 시직경 변화**

이제 태양을 적어도 1년 이상 관측하여 태양의 크기 변화를 측정하면 지구의 궤도가 원 궤도인지 아닌지를 알 수 있다. 우리는 태양을 1년 동안 관측하기가 어렵기에 http://sohowww.nascom.nasa.gov/인 SOHO(Solar and Heliospheric Observatory) 사이트에서 data/archive 단추를 누르고, Search & Download Data 단추를 누르면 http://sohodata.nascom.nasa.gov/cgi-bin/data_query로 들어가게 된다. 태양의 이미지를 얻기 위하여 MDI continuum을 선택하고, Start and End Data에 예를 들어 20090101과 20090102를 입력하면 2009년 1월 1일에서 1월 2일 사이에 촬영한 태양의 모든 MDI continuum 사진을 [그림 6-4]와 같이 얻을 수 있다. 이는 [그림 6-3]의 화면에서 list를 택했을 때이고, 만약 image를 택하면 [그림 6-5]와 같은 태양 이미지를 바로 볼 수 있다. 만약 movie를 택하면 [그림 6-4]의 list에 있는 모든 태양 사진을 이용하여 동영상이 자동으로 만들어져 마치 태양의 표면활동을 관찰하는 것처럼 볼 수 있다.

우리는 태양의 크기를 재는 것이 목적이기에 [그림 6-4]의 list에서 20090101_0613_mdiigr_512.jpg를 클릭하여 [그림 6-7]을 얻는다. 이제 그림을 복사하여 한글 프로그램에 넣고 입력(D)의 개체에서 타원 그리는 도구, alt키를 이용하여 [그림 6-9]와 같이 하얀 선의 타원을 태양의 크기에 맞추고, 타원의 개체속성을 이용하여 너비와 높이를 측정한다. 이러한 측정을 적어도 한 달에 3개 정도로 하여 2009년, 2010년 각각 36개의 자료를 측정한다.

[그림 6-3]

[그림 6-4]

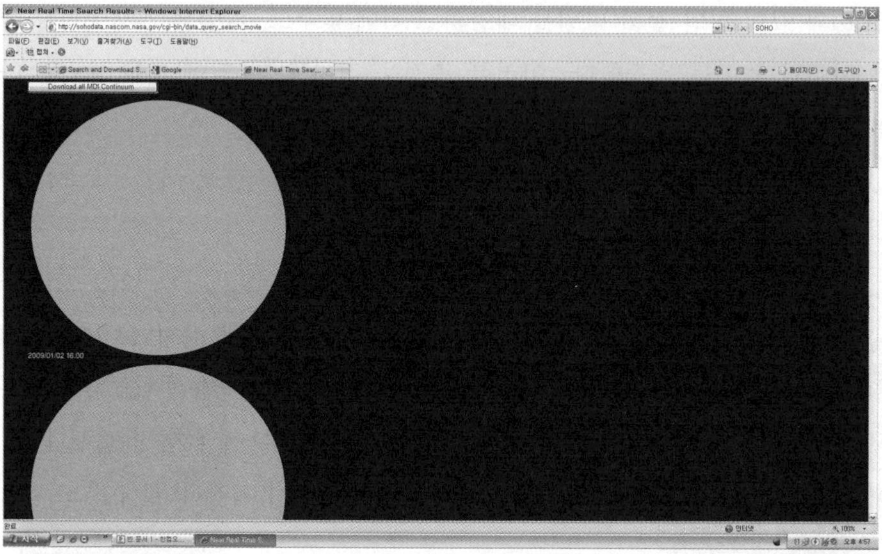

[그림 6-5]

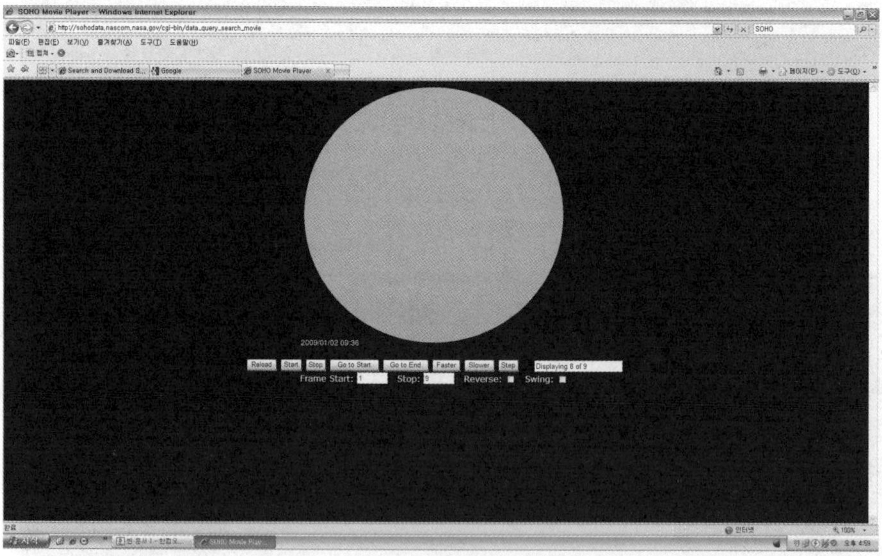

[그림 6-6]

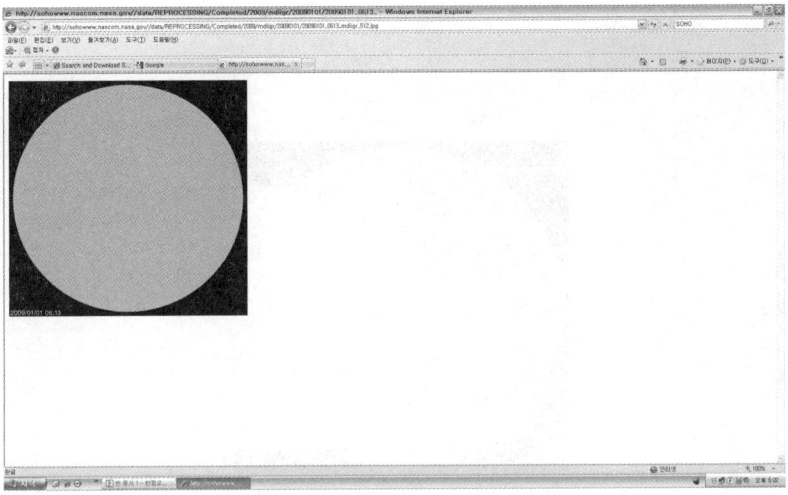

[그림 6-7]

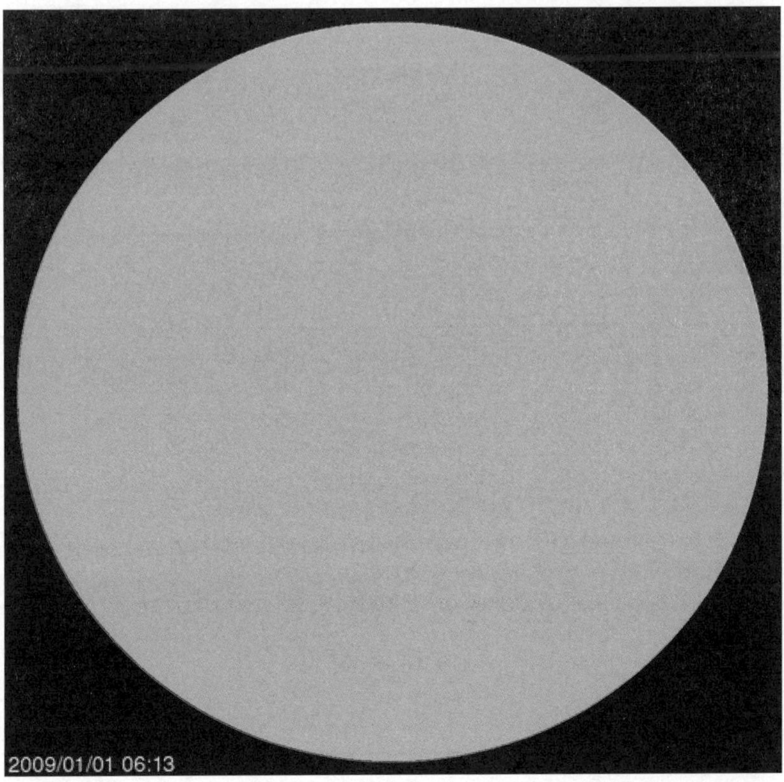

[그림 6-8]

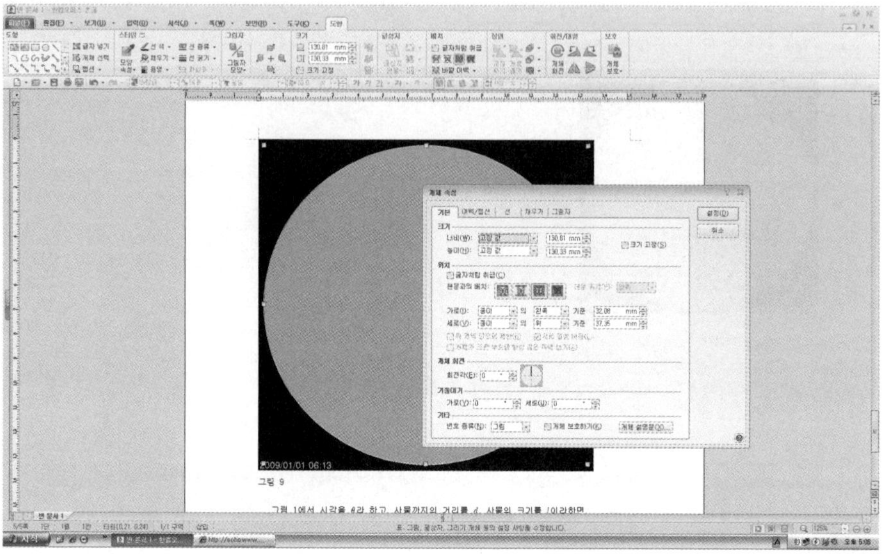

[그림 6–9]

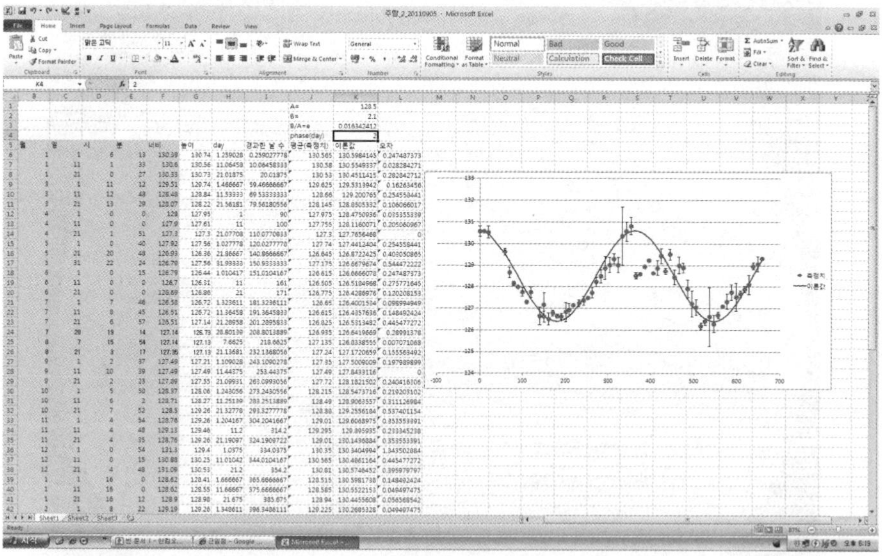

[그림 6–10]

2009년 1월 1일부터 2010년 10월 21까지의 기간 동안 학생들이 측정한 태양의 크기는 [그림 6-10]에서 음영으로 표시된 부분이다. 너비와 높이의 평균값을 구하고, 표준편차를 오차로 하여 그린 그림이 [그림 6-10] 내의 그래프에서 점들로 표시되어 있다. 분명히 태양의 크기는 1월 초에 가장 컸다가 6월 초에 작아지고 다시 커지고 있다. 이러한 현상을 1년을 주기로 반복한다. 이러한 자료만으로도 지구의 궤도는 원이 아니라고 할 수 있다. 원이라면 태양의 크기는 1년 동안 거의 같아야 할 것이다. 또한 1월 초에 지구는 태양에 가장 가까이 가고, 7월 초에 가장 멀리 있다([그림 6-11]). 따라서 더운 여름은 태양과 지구 사이의 거리와 관련이 없다. 따라서 계절의 온도는 분명히 태양의 복사가 지평면에 어떤 각도로 입사하느냐, 즉 태양의 입사량에 따라 다르다는 것으로 설명해야 한다.

이제 태양의 크기를 이용하여 지구의 궤도가 타원궤도임을 보여 보자. [그림 6-11]에서 시각을 θ라 하고, 사물까지의 거리를 d, 사물의 크기를 l이라 하면,

$$\theta \simeq \frac{l}{d}$$

인 관계가 있다. 따라서 시각은 거리와는 반비례 관계가 있다. 왜냐하면 크기 l은 일정하기 때문이다. 그런데 지구의 궤도가 [그림 6-11]과 같이 타원궤도라면 태양은 그 타원의 한 초점에 위치한다. 그리고 [그림 6-11]에서는 1월 3일의 지구 위치가 근일점(perihelion)이고 7월 4일경의 위치가 원일점(aphelion)이다. 또한 [그림 6-11]에서의 지구-태양-근일점 사이의 각도를 θ라 하면 태양-지구 사이의 거리 d는

$$d = \frac{a(1-e^2)}{1+e\cos\theta}$$

이다.

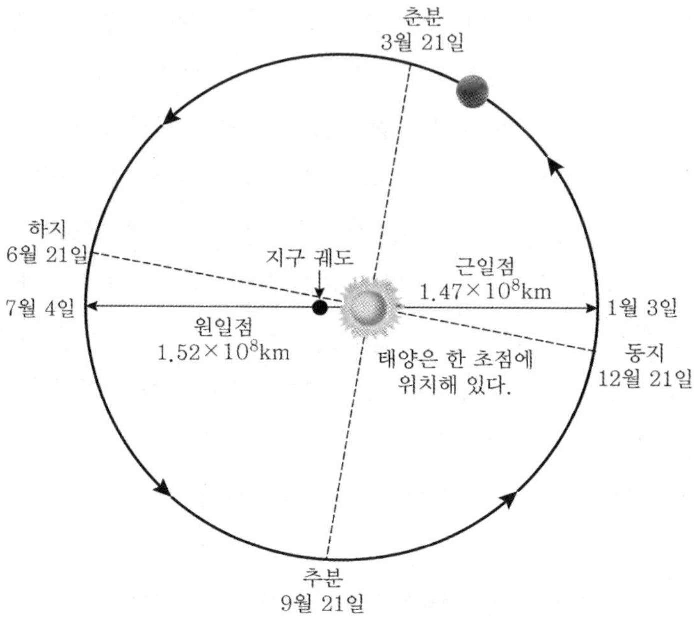

[그림 6-11] 지구 궤도

여기서 a는 근일점-원일점 거리의 1/2인 긴반지름이고, e는 이심률이다. 타원의 중심과 한 초점에 위치한 태양 사이의 거리는 ae이다.

위의 두 식을 합쳐보면,

$$\theta \simeq \frac{l}{d} = \frac{l}{a(1-e^2)} + \frac{l\,e}{a(1-e^2)}\cos\theta = \mathrm{A} + \mathrm{B}\cos\theta$$

가 된다. 여기서 이심률 $e = \dfrac{B}{A}$이다. 현재 태양의 크기 l, 지구 궤도의 긴반지름 a, 이심률 e가 모두 상수이다. 그렇기에 식의 A, B값도 상수이다. 그러나 그 값이 얼마인지는 모르고 있다. 단지 우리는 [그림 6-10]의 측정치 점들을 이용하여 짐작할 뿐이다. [그림 6-10]에서는 $A = 128.5$, $B = 2.1$의 값을 이용하고 K6 셀에

```
=$K$1+$K$2*COS(2*PI()/365.2422*(I6+$K$4))
```

같이 대입하였다. k1 셀에는 128.5, K2 셀에는 2,1, K4 셀에는 2라는 숫자가 적혀 있다. K4의 2는 1월 1일이 경과한 시간이기에 1월 3일 0시를 가리킨다. 또한 2*PI()/365.2422는 지구의 각속도로 지구는 하루에 이만큼의 각도(단위는 radian)를 진행한다. 실제 지구의 궤도가 원 궤도에 가깝기 때문에

$$\theta = \frac{2\pi}{365.2422} \times \left(t_{\text{경과한 날}} + t_{(\text{1월1일 - 근일점 날})}\right)$$

라고 하여도 크게 틀리지 않는다. 이렇게 계산한 이론값을 [그림 6-10] 내의 그래프에서는 선으로 그렸다. 점들의 자료와 잘 일치한다. 따라서 지구의 궤도는 타원궤도이며, 이심률은 0.01634로 계산되었다. 참고로 위키피디아 http://en.wikipedia.org/wiki/Earth에서 제공된 지구의 이심률은 0.01671이다. 우리는 관측에 의한 측정치와 타원의 수학적인 식으로부터의 이론치가 거의 일치함을 엑셀을 통하여 쉽게 그래프로 그려 볼 수 있었다.

활동 8 달의 크레이어터 높이 구하기

[실험목적]

달 사진에서 크레이어터 그림자 길이를 측정하여 크레이어터의 높이를 구할 수 있다.

[준비물]

DSLR 카메라, 천체망원경, Virtual Moon Atlas 프로그램, 자, 계산기

[이론적 배경]

가. 하현달

하현달일 때 크레이어터와 달의 단면은 다음과 같다.

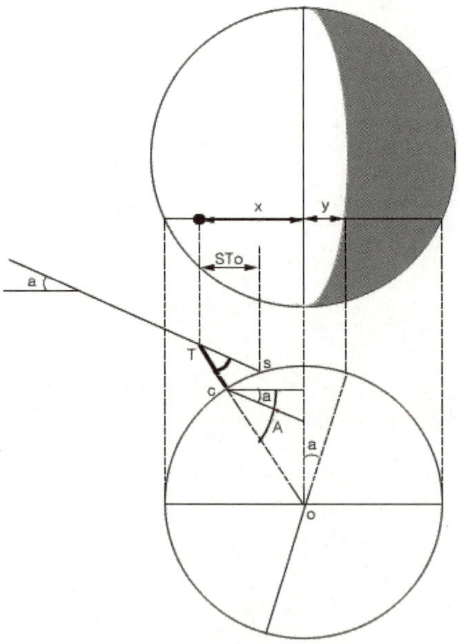

[그림 6-12] 하현달

그림에서 $\overline{TC}$는 크레이어터의 높이이고, ST_0는 투영되어 관측되는 그림자의 길이이다.

크레이터의 고도 $\overline{TC} = \overline{TS} \cdot \cos(A-a)$이고, $\overline{TS} = \dfrac{\overline{ST_0}}{\cos a}$이다.

$\cos A = \dfrac{x}{\overline{OC}}$이므로 $A = \cos^{-1}\left(\dfrac{x}{\overline{OC}}\right)$이고,

$\sin a = \dfrac{y}{\overline{OC}}$이므로 $a = \sin^{-1}\left(\dfrac{y}{\overline{OC}}\right)$이다.

그러므로 크레이터의 높이는 다음과 같다.

$$\therefore \overline{TC} = \frac{\overline{ST_0}}{\cos a} \cdot \cos\left(\cos^{-1}\frac{x}{\overline{OC}} - \sin^{-1}\frac{y}{\overline{OC}}\right)$$

나. 상현달

상현달일 때 크레이터와 달의 단면은 다음과 같다.

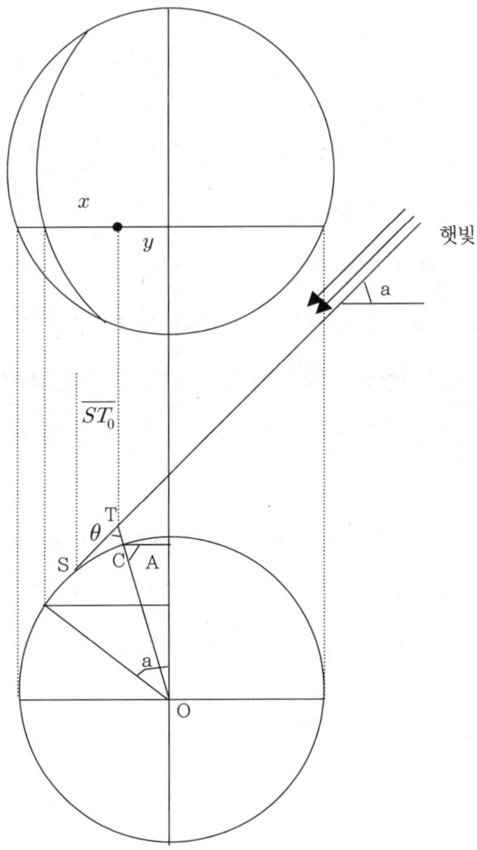

[그림 6-13] **상현달**

그림에서 $\cos A = \dfrac{y}{\overline{OC}}$, $\sin a = \dfrac{x}{\overline{OC}}$이고, $\theta = 180-(A+a)$이다.

$\overline{TC} = \overline{TS}\cdot\cos\theta$이고, $\overline{TS} = \dfrac{\overline{ST_0}}{\cos a}$이다.

따라서 크레이터의 높이는 $\overline{TC} = \dfrac{\overline{ST_0}}{\cos a}\cdot\cos\theta$이 된다.

$$\therefore\ \overline{TC} = \frac{\overline{ST_0}}{\cos a}\cdot\cos\left[180-\left\{\cos^{-1}\left(\frac{y}{\overline{OC}}\right)+\sin^{-1}\left(\frac{x}{\overline{OC}}\right)\right\}\right]$$

[관측방법]

DSLR 카메라와 천체망원경을 이용하여 직초점 방식으로 상현달이나 하현달을 촬영한다.

[실험 과정]

가. 달의 중심을 찾은 후 달의 지름을 측정한다.

나. $\overline{OC}$, x, y, $\overline{ST_0}$을 측정한다.

다. A, a, θ, $\overline{TC}$을 계산기를 이용하여 구한다.

라. 크레이터의 실제 크기는 다음 비례식에 의해 구한다.

1,738km: 달의 반지름(측정)=크레이터의 높이: 1992년 $\overline{\mathrm{TC}}$

마. 다음 사이트를 방문하여 Virtual Moon Atlas(VMA) 프로그램을 다운받아 설치한다.

http://www.astrosurf.com/avl/UK_download.html

바. VMA를 실행하여 우리가 측정한 크레이터를 찾아 더블 클릭하면 오른쪽에 크레이터에 대한 기본 정보가 표시된다. 이를 이용하여 크레이터의 높이를 확인한다.

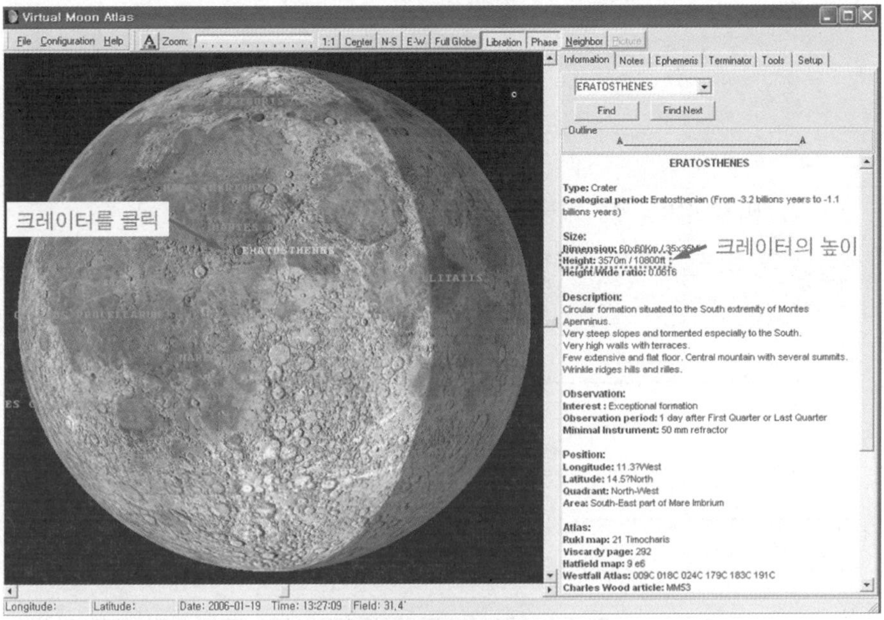
Virtual Moon Atlas
File Configuration Help
Zoom:
1:1 Center N-S E-W Full Globe Libration Phase Neighbor Picture
Information Notes Ephemeris Terminator Tools Setup
ERATOSTHENES
Find
Find Next
Outline
크레이터를 클릭
ERATOSTHENES
크레이터의 높이
ERATOSTHENES
Type: Crater
Geological period: Eratosthenian (From -3.2 billions years to -1.1 billions years)
Size:
Height: 3570m / 10800ft
Height/Wide ratio: 0.0616
Description:
Circular formation situated to the South extremity of Montes Apenninus.
Very steep slopes and tormented especially to the South.
Very high walls with terraces.
Few extensive and flat floor. Central mountain with several summits.
Wrinkle ridges hills and rilles.
Observation:
Interest : Exceptional formation
Observation period: 1 day after First Quarter or Last Quarter
Minimal Instrument: 50 mm refractor
Position:
Longitude: 11.3?West
Latitude: 14.5?North
Quadrant: North-West
Area: South-East part of Mare Imbrium
Atlas:
Rukl map: 21 Timocharis
Viscardy page: 292
Hatfield map: 9 e6
Westfall Atlas: 009C 018C 024C 179C 183C 191C
Charles Wood article: MM53
Longitude:
Latitude:
Date: 2006-01-19 Time: 13:27:09 Field: 31,4'

[그림 6-14]

[그림 6-15]

활동 8 태양의 자전주기 구하기

1. 사진을 이용하여 다음 값을 측정한다.

달의 반지름	$\overline{OC}$	x	y	관측되는 ST_0 (그림자의 길이)

2. 위 데이터를 이용하여 다음 물리량을 구해 보자.

A	a	θ	$\overline{TC}$

3. 크레이터의 높이를 구해보고, 실제 크레이터의 높이와 비교하여 오차를 구해 보자. (단, 달의 실제 적도반지름은 1,738km이다.)

활동 9 달의 공전주기

[실험목적]

행성과 달을 함께 촬영한 사진을 이용하여 달의 공전주기를 구할 수 있다.

[준비물]

DSLR 카메라, 삼각대, 볼 마운트, 전자 릴리즈, 시계, Photoshop 프로그램

[이론적 배경]

금성이 이동한 길이 x와 달이 이동한 거리 y를 측정하여 사진 건판 척도(s)를 곱해주면 천구 상의 각거리 X, Y가 된다.

$$X = xs, \quad Y = ys$$

그리고 두 사진의 시간간격을 t라 할 때 각거리 X는 다음 식을 만족한다.

$$\text{지구의 자전주기} : 360° = t : X,$$

$$\text{즉 } t = \frac{X \times \text{지구의 자전주기}}{360°}$$

한편 달은 시간 t 동안 서에서 동으로 공전하기 때문에 지구의 자전과 달의 공전이 합해져 각거리 Y만큼만 천구 상에서 움직인다. 따라서 각거리 $X-Y$ 값은 달이 시간 t 동안 달의 공전에 의해 움직인 각거리가 되어 다음 식을 만족한다.

$$\text{달의 공전주기}: 360° = t : X-Y$$

$$\text{달의 공전주기} = \frac{t}{X-Y} \times 360°$$

달의 공전주기 식에 t, X, Y를 대입하여 정리하면

$$달의\ 공전주기 = \frac{1}{xs - ys} \times \frac{xs \times 지구의\ 자전주기}{360°} \times 360°$$

$$달의\ 공전주기 = \frac{x}{x - y} \times 지구의\ 자전주기$$

우리는 위 식으로부터 사진 상에서의 금성의 궤적(x)과 달의 궤적(y), 그리고 지구 자전주기만을 알면 달의 공전주기를 구할 수 있다는 것을 알 수 있다.

[관측 방법]

디지털 카메라와 삼각대를 이용하여 고정촬영법으로 달을 촬영한다.

※ 관측 시 참고 사항

① 지나치게 초기 단계의 초승달을 촬영하는 것은 좋지 않다. 달의 지름을 잴 수 있을 정도로 차오른 초승달을 촬영해야 한다.

② 초승달의 경우를 촬영하는 데에는 두 가지 이유가 있다. 첫째, 달이 많이 차오르게 되면 달이 너무 밝아서 금성과 함께 촬영하기 어려워지기 때문이며, 둘째, 초승달을 선택하면 나중에 영상들을 합성할 때에도 달의 윤곽을 통해 영상이 회전한 각도를 쉽게 보정할 수 있기 때문이다.

③ 금성이 동방최대이각 또는 서방최대이각 근처에 있을 때, 금성은 시선 방향에 대해 수직한 방향으로는 움직임이 별로 없다. 따라서 금성이 동방 또는 서방최대이각의 위치에 있을 때 촬영한다면, 금성의 움직임으로 인한 오차 발생을 줄일 수 있다. 금성은 2005년 11월 4일에 동방최대이각의 위치에 있었고, 이 실험에 제공된 사진은 12월 5일에 촬영한 것이어서 동방최대이각의 위치에서 그다지 멀지 않다.

[실험 과정]

① Photoshop을 이용하여 두 사진을 불러온다.

[그림 6-16] 2005/12/05 19:07

[그림 6-17] 2005/12/05 19:42

② 1개의 사진을 선택한 후 전체선택[Ctrl+A], 복사하기[Ctrl+C]를 한 후 다른 사진을 선택한 후 붙여넣기[Ctrl+V]를 하여 하나의 사진으로 만든다.

③ 하나의 레이어를 선택하여 Opacity를 100%로 설정한 후 Layers의 특성을 Screen으로 변경한다. 이러한 과정은 모든 레이어에 대하여 실행한다.

[그림 6-18]

④ [Layer]-[Flatten Image]를 클릭하여 하나의 사진으로 합성한다.

[그림 6-19] 합성 사진

⑤ 합성된 사진의 시야가 넓어 전체 사진을 이용하여 거리를 측정하기가 쉽지 않으므로 필요한 부분을 잘라 복사한다.

[그림 6-20] 확대 합성 사진

⑥ 자를 이용하여 달의 이동거리와 금성의 이동거리를 측정한다.

⑦ 달의 공전주기 식을 이용하여 달의 공전주기를 결정한다.

활동 9 달의 공전주기

1. 금성의 이동거리와 달의 이동거리를 구하시오.

금성이 이동한 거리(x)	달이 이동한 거리(y)

2. 달의 공전주기를 구하시오.

3. 이 실험에서 우리는 금성의 공전과 지구의 공전을 고려하지 않았다. 이러한 가정은 적합한가?

4. 항성은 오랜 세월이 지나더라도 하늘에서의 위치에 거의 변화가 없다. 따라서 금성과 같은 행성을 사용하는 경우에 비해 항성을 사용할 경우 오차를 더 줄일 수 있을 것이다. 하지만 그럼에도 항성을 사용하지 않고 행성을 사용한 까닭은 무엇일까?

5. 달과 금성의 이동거리를 측정할 때 두 지점의 직선의 거리를 측정하였다. 정확한 값을 측정하기 위해서는 곡선으로 전제하고 측정해야 한다. 그 이유는?

6. 이 실험에서 구한 달의 공전 주기는 삭망월인가? 항성월인가? 그 이유는?

7. 사진에서 달의 위상은 초승달이다. 그러면 금성의 위상은 어떤 위상이었을까? 태양. 지구, 금성, 달의 상대적 위치를 고려하여 설명하여라.

활동 10 지구의 공전궤도 이심률 구하기

[실험목적]

태양 광구 사진을 이용하여 지구 공전궤도 이심률을 구할 수 있다.

[준비물]

태양 사진, 자(30cm), 엑셀 프로그램

[이론적 배경]

가. 타원의 방정식

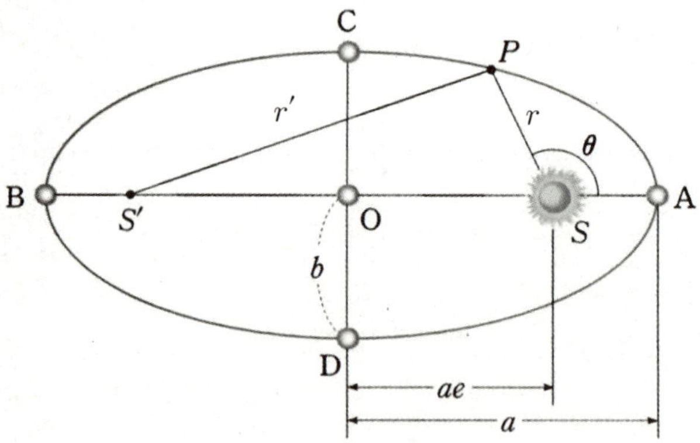

cos 법칙에 의하여

$$r'^2 = r^2 + (2ae)^2 - 2r\,2ae\ \cos(\pi - \theta)$$

$$r'^2 = r^2 + (2ae)^2 + 4aer\cos\theta$$

타원의 정의에 의해 $r' + r = 2a$

$$(2a - r)^2 = r^2 + (2ae)^2 + 4aer\cos\theta$$

$$r = \frac{a(1-e^2)}{1+e\ \cos\theta} \quad o < e < 1$$

나. 궤도 이심률과 각지름

타원의 방정식에서 $r=\frac{a(1-e^2)}{1+e\cos\theta}$ 이므로 달의 각지름을 D, 달의 실제 지름을 l, 달과 지구 사이의 거리를 r이라 할 경우 $l=rD$가 성립된다.

이때 각지름 D와 달과 지구 사이의 거리 r은 반비례 관계가 있으므로 $D \propto \frac{1}{r}=\frac{1+e\cos\theta}{a(1-e^2)}=\frac{1}{a(1-e^2)}+\frac{e\cos\theta}{a(1-e^2)}$ 이 된다.

이를 $D=A+B\cos\theta$로 표현하면 $A=\frac{1}{a(1-e^2)}$, $B=\frac{e}{a(1-e^2)}$가 된다.

[관측방법]

천체망원경 앞에 백색광 필터를 끼운 후 DSLR 카메라를 직초점 방식으로 연결한 후 태양을 촬영한다.

※ 실험을 하기 위해서는 1년 동안 최소한 10일 간격으로 태양 사진을 얻어야 한다. 이는 학교현장에서는 많은 어려움이 있다. 그러므로 태양 사진자료를 제공하는 사이트를 이용하는 것도 좋은 방법이다.

① 인터넷SOHO(http://sohowww.nascom.nasa.gov/)에 접속한다.
② 좌측메뉴의 [data/archive]-[Search & Download Data]를 클릭한다.
혹은 http://sohodata.nascom.nasa.gov/cgi-bin/data_query로 접속한다.
③ 다음 그림과 같이 image Type를 MDI Continuum으로, Start and End Date를 입력한 후 Search를 클릭한다.

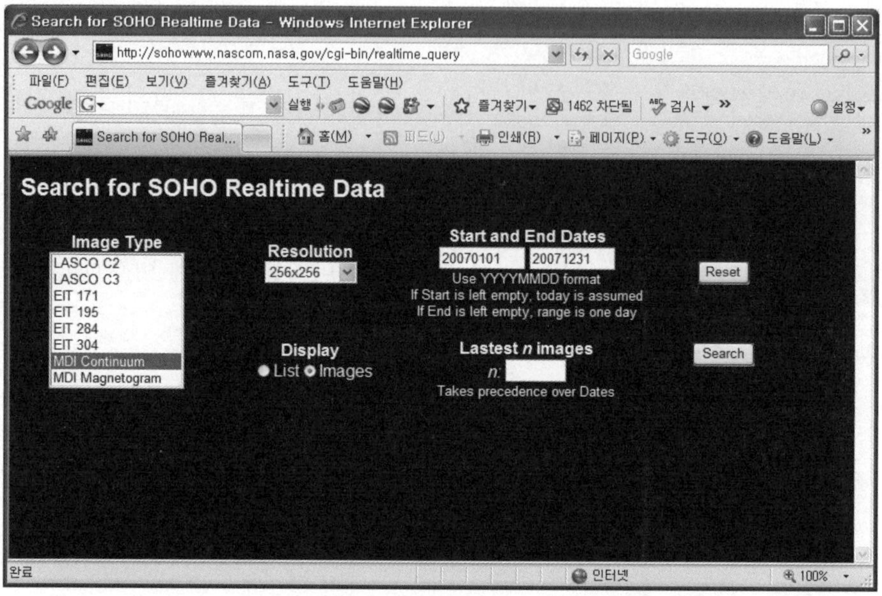

[그림 6−21]

[실험 과정]

① 태양 자료를 SOHO에서 다운로드한다.

② 태양의 지름을 자로 잰다. 이 자료가 바로 태양의 각지름 D가 된다.

③ 태양 사진을 촬영한 날을 365일 단위로 전환한다.

예) 3월 10일 → 69일

④ 태양 사진을 촬영한 날의 공전각을 계산한다.

예) 3월 10일 (69일)

$$\text{공전각} = 69 \times \frac{360}{365.2422} = 68°$$

⑤ X축을 공전각 θ, Y축을 태양의 지름 D로 하여 분산형 그래프를 그린다.

⑥ 분산형 그래프에 $D = A + B\cos\theta$를 Fitting하고 A, B의 값을 구한다.

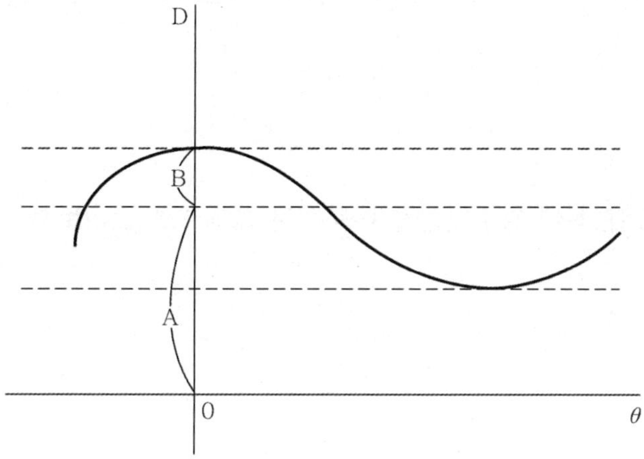

[그림 6-22]

⑦ 이심률을 구한다.

$A=\dfrac{1}{a(1-e^2)}$ $\quad B=\dfrac{e}{a(1-e^2)}$ 이므로 $\quad e=\dfrac{B}{A}$ 임을 이용한다.

활동 10 지구의 공전궤도 이심률 구하기

1. 실험 자료와 엑셀 프로그램을 이용하여 그래프를 그려보자.

2. A, B의 값은 얼마인가?

3. 이심률은 얼마인가?

4. 이심률의 오차는?

5. 태양의 크기 변화를 이용하여 1년이 365일임을 어떻게 알 수 있을까?

6. 다른 자연 현상을 이용하여 1년이 365일임을 알 수 있는 방법은 어떤 것이 있을까?

활동 11 달의 공전궤도 이심률

[실험목적]

달 사진을 이용하여 달의 공전궤도 이심률을 구할 수 있다.

[준비물]

달 사진, 자(30cm), 엑셀 프로그램

[이론적 배경]

가. 타원의 방정식

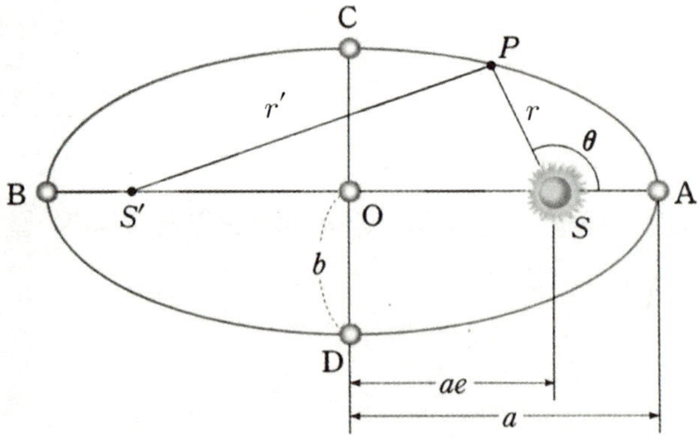

cos 법칙에 의하여

$$r'^2 = r^2 + (2ae)^2 - 2r\,2ae\ \cos(\pi - \theta)$$

$$r'^2 = r^2 + (2ae)^2 + 4aer\cos\theta$$

타원의 정의에 의해 $r' + r = 2a$

$$(2a - r)^2 = r^2 + (2ae)^2 + 4aer\cos\theta$$

$$r = \frac{a(1-e^2)}{1+e\ \cos\theta}\quad o < e < 1$$

나. 궤도 이심률과 각지름

타원의 방정식에서 $r=\dfrac{a(1-e^2)}{1+ecos\theta}$이므로 달의 각지름을 D, 달의 실제 지름을 l, 달과 지구 사이의 거리를 r이라 할 경우 $l=rD$가 성립된다.

이때 각지름 D와 달과 지구 사이의 거리 r은 반비례 관계가 있으므로

$D \propto \dfrac{1}{r}=\dfrac{1+ecos\theta}{a(1-e^2)}=\dfrac{1}{a(1-e^2)}+\dfrac{e\cos\theta}{a(1-e^2)}$이 된다.

이를 $D=A+Bcos\theta$로 표현하면 $A=\dfrac{1}{a(1-e^2)}$, $B=\dfrac{e}{a(1-e^2)}$가 된다.

[촬영 방법]

① 천체망원경에 카메라를 부착한 후 직초점 방법으로 달을 촬영한다.

2005/11/07 19h 15m

2005/11/08 19h 00m

2005/11/09 19h 50m

2005/11/10 20h 13m

2005/11/11 19h 49m

2005/11/12 21h 17m

2005/11/14 19h 33m

2005/11/15 21h 55m

2005/11/16 23h 58m

2005/11/17 21h 23m

2005/11/18 20h 53m

2005/11/19 21h 14m

2005/11/20 21h 34m

2005/11/21 23h 12m

2005/11/23 06h 39m

[실험 과정]

① 달 사진에서 달의 지름을 자로 잰다. 이 값이 바로 달의 각지름 D가 된다.

② 달을 처음 촬영한 날을 기준으로 설정한 후 날짜를 계산한다.

예) 기준일: 2005년 11월 7일 19시 15분 → 0.8일

③ 달을 촬영한 날의 공전각을 계산한다. (5장에서는 달의 위상을 갖고 공전각을 구하였다.)

예) 11월 7일 (0.8일)

$$\text{공전각} = 0.8 \times \frac{360°}{27.32day} = 10.54°$$

④ X축을 $\cos\theta$로(θ는 공전각), Y축을 달태양의 지름 D로 하여 분산형 그래프를 그린다.

⑤ 분산형 그래프에 $D = A + B\cos\theta$를 Fitting하고 A, B의 값을 구한다.

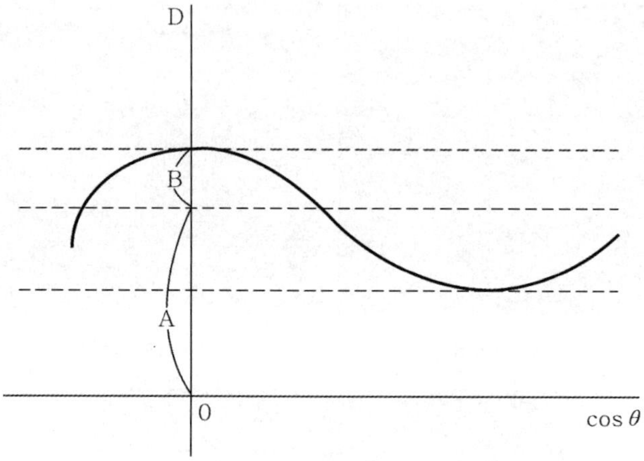

⑥ 이심률을 구한다.

$A = \dfrac{1}{a(1-e^2)}$ $B = \dfrac{e}{a(1-e^2)}$ 이므로 $e = \dfrac{B}{A}$ 임을 이용한다.

활동 11 달의 공전궤도 이심률

1. 실험 자료와 엑셀 프로그램을 이용하여 그래프를 그리시오.

2. A, B의 값은 얼마인가?

3. 이심률은 얼마인가?

4. 이심률의 오차는?

5. 다음 근지점과 원지점에 위치한 달 사진이다. 이 사진을 이용하여 이심률을 구하시오.

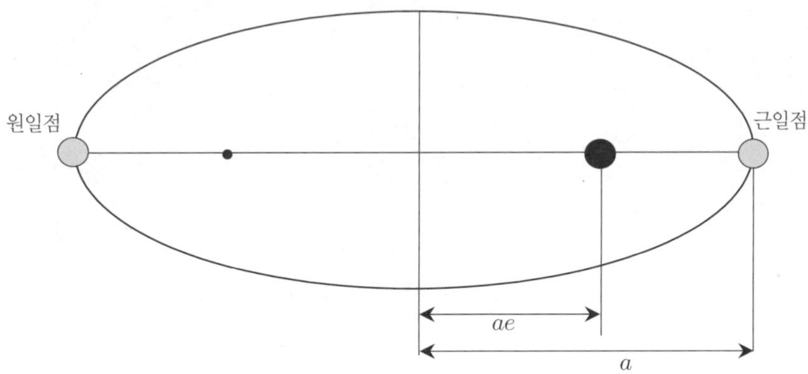

07 케플러의 법칙 찾아내기

5장, 6장을 통하여 내행성과 외행성의 궤도를 그릴 수 있었다. 이러한 활동을 실험 1에서 다시 해봄으로써, 태양과 지구 사이의 거리가 1이라 할 때, 각 행성들의 태양으로부터의 거리를 알 수 있게 된다. 뿐만 아니라 행성들의 궤도가 타원궤도임을 알 수 있다(케플러 제1법칙). 또한 각 행성들의 회합주기를 관측하여 그 행성들의 공전주기를 얻을 수 있다. 이렇게 얻은 각 행성의 궤도 긴반지름 a와 공전주기 P 사이에는 수학적 관계가 있다(케플러 제3법칙).

실험 1. 수성과 금성의 공전궤도 그리기(5장 참조)

[실험목표]

내행성(수성과 금성)과 외행성(화성)의 공전궤도를 그릴 수 있다.

[준비물]

각도기, 모눈종이, 자(30cm), 컴퍼스

[실험과정 1] 내행성의 공전궤도 그리기

① 모눈종이에 직선 SE의 길이가 10cm 되도록 그린다.

② 내행성의 최대이각이 동 19°인 경우, 각도기를 사용하여 E-S에서 동쪽으로 19°가 되도록 선을 긋는다.

③ S에서 이 직선에 수선을 내려 그 교점을 V라 할 때, 이 점에 행성이 위치하게 된다.

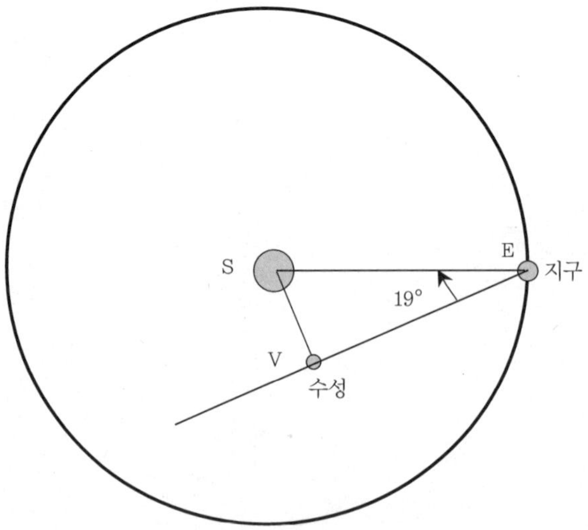

④ 위의 과정 ②, ③과 같은 방법으로 나머지 수성의 위치를 표시한다.

[관측 자료]

다음은 수성과 금성이 최대이각에 위치하였을 때의 날짜와 최대이각 값을 나타낸 것이다.

수성: 1989-1990			금성: 1983-1990		
날짜	동	서	날짜	동	서
1989년 01월 08일	19°		1983년 06월 15일	45°	
1989년 02월 18일		26°	1983년 11월 04일		47°
1989년 04월 30일	21°		1985년 01월 21일	47°	
1989년 06월 18일		23°	1985년 06월 12일		46°
1989년 08월 28일	27°		1986년 08월 26일	46°	
1989년 10월 10일		18°	1987년 01월 15일		47°
1989년 12월 22일	20°		1988년 04월 02일	46°	
1990년 02월 01일		25°	1988년 08월 22일		46°
1990년 04월 13일	20°		1989년 11월 08일	47°	
1990년 05월 31일		25°	1990년 03월 30일		46°
1990년 08월 11일	27°				
1990년 09월 24일		18°			
1990년 12월 05일	21°				

① 수성의 관측 값을 이용하여 지구의 공전각을 구해 보자.

수성: 1989-1990					
날짜	경과일	지구 공전각	지구 공전각 (360도 단위)	동	서
1989년 01월 08일	0	0.0	0.0	19°	
1989년 02월 18일	41	40.4	40.4		26°
1989년 04월 30일	112	110.4	110.4	21°	
1989년 06월 18일	161	158.7	158.7		23°
1989년 08월 28일	232	228.7	228.7	27°	
1989년 10월 10일	275	271.1	271.1		18°
1989년 12월 22일	348	343.0	343.0	20°	

수성: 1989-1990					
날짜	경과일	지구 공전각	지구 공전각 (360도 단위)	동	서
1990년 02월 01일	389	383.4	23.4		25°
1990년 04월 13일	460	453.4	93.4	20°	
1990년 05월 31일	508	500.7	140.7		25°
1990년 08월 11일	580	571.7	211.7	27°	
1990년 09월 24일	624	615.0	255.0		18°
1990년 12월 05일	696	686.0	326.0	21°	

② 금성의 관측 값을 이용하여 지구의 공전각을 구해 보자.

금성: 1983-1990					
날짜	경과일	지구 공전각	지구 공전각 (360도 단위)	동	서
1983년 06월 15일	0	0	0	45°	
1983년 11월 04일	141	139.0	139.0		47°
1985년 01월 21일	585	576.6	216.6	47°	
1985년 06월 12일	727	716.6	356.6		46°
1986년 08월 26일	802	790.5	70.5	46°	
1987년 01월 15일	944	930.5	210.5		47°
1988년 04월 02일	1387	1367.1	287.1	46°	
1988년 08월 22일	1529	1507.1	67.1		46°
1989년 11월 08일	1911	1883.6	83.6	47°	
1990년 03월 30일	2053	2023.5	223.5		46°

[실험과정 2] 외행성의 공전궤도 그리기

① 모눈종이에 반지름 5cm의 원을 그리고, 이를 지구의 공전 궤도라고 하자.

② 임의의 방향에 춘분점이 있다고 가정하고, 태양에서 춘분점 방향으로 직선을 그린다.

③ 표에서 춘분점-태양-지구 사이의 각을 이용하여 지구의 위치 E_1, E_1'를 원

위에 표시한다.

④ 춘분점-지구-화성 사이의 각을 이용하여 각각 E_1, E_1' 의 위치로부터 화성의 방향으로 직선을 긋는다. 두 직선이 만나는 지점에 화성의 위치 M_1을 표시한다.

⑤ 위의 과정 3, 4와 같은 방법으로 나머지 화성의 위치 $M_2 \sim M_6$을 표시한다.

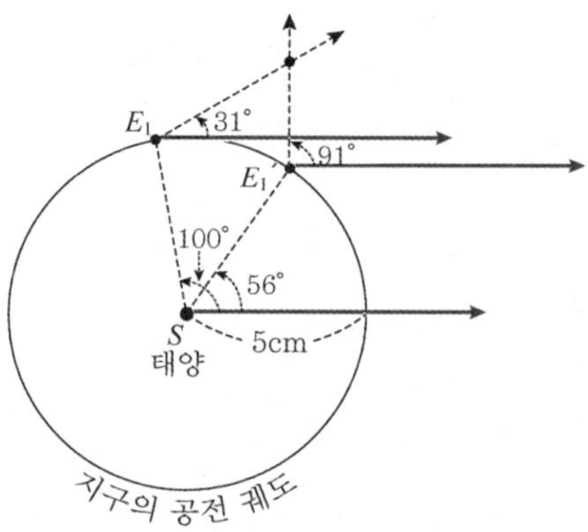

화성의 위치	지구의 위치	관측일	춘분점-태양-지구 사이의 각	춘분점-지구-화성 사이의 각
M_1	E_1	1974.01.01	100°	31°
	E_1'	1975.11.19	56°	91°
M_2	E_2	1974.03.18	177°	71°
	E_2'	1976.02.03	133°	76°
M_3	E_3	1974.08.09	316°	158°
	E_3'	1976.06.25	273°	144°
M_4	E_4	1974.11.25	62°	230°
	E_4'	1976.10.11	18°	212°
M_5	E_5	1975.03.01	160°	299°
	E_5'	1977.01.16	116°	282°
M_6	E_6	1975.08.16	319°	57°
	E_6'	1977.06.28	276°	46°

⑥ 화성의 위치를 모눈종이 위에 표시해 보자.

실험 2. 케플러 제1법칙 찾아내기

[실험목표]

내행성(수성과 금성)과 외행성(화성)의 공전궤도를 이용하여 이심률을 구할 수 있다.

[준비물]

핀 2개, 모눈종이 2장, 딱풀, 자(30cm), 실(1m), 연필, 계산기

[이론적 배경]

가. 타원

타원은 두 정점(定點)으로부터의 거리의 합이 일정한 점의 자취를 말한다. 예를 들어 두 정점 F, F'에 각각 실의 양 끝을 고정시키고 실에 연필을 걸어 끌어당기면서 이동시키면 타원이 그려지고, 이때 F, F'를 초점이라 한다.

나. 이심률

$OA = OB = a$를 긴반지름, $OC = OD = b$를 짧은반지름이라 할 때 타원의 크기는 긴반지름으로 정해지며 타원의 모양은 이심률로 정해진다. 이심률은 다음과 같이 정의된다.

$$e = \frac{OS}{OA} = \frac{ae}{a} = \frac{\sqrt{a^2 - b^2}}{a}, \qquad b = a\sqrt{1 - e^2}$$

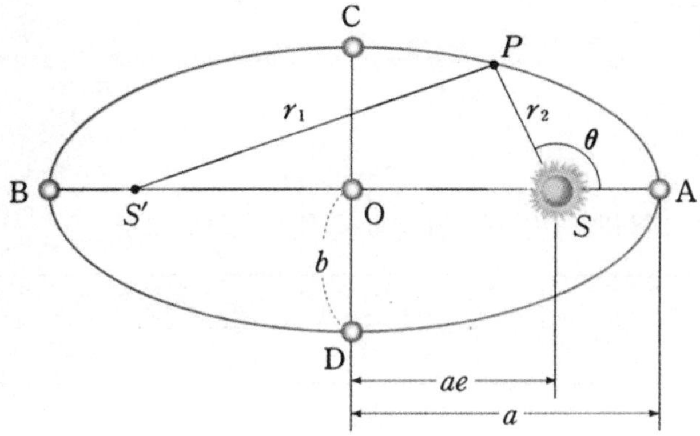

[실험 과정]

① 수성, 금성, 화성의 관측 자료를 이용하여 각 행성의 위치를 표시한 자료에서 장축을 찾는다. (힌트, 찍은 점 사이의 거리가 가장 긴 곳이 장축임)

② 장축을 찾아 긋고 태양에 핀을 고정하고 또 다른 초점을 찾는다. (힌트, 또 다른 초점은 타원의 중심에서 태양과 같은 거리에 위치한다.)

③ 찾은 또 하나의 초점에 핀을 고정하고 모든 점에 맞도록 타원을 그린다.

④ 지구 궤도와 행성의 궤도를 서로 비교한다.

실험 2 케플러 제1법칙 찾아내기

1. 수성, 금성, 화성의 긴반지름을 AU 단위로 구해 보자.

행성	수성	금성	화성
긴반지름(AU)			

2. 수성, 금성, 화성의 이심률($e = \frac{ae}{a}$)을 구해 보자.

행성	수성	금성	화성
이심률			

3. 표는 태양에서 각 행성까지의 거리를 나타낸 것이다. 태양-행성의 거리를 하나의 관계식으로 표현해 보자.(이 관계식을 티티우스-보데의 법칙이라 한다.)

행성	수성	금성	지구	화성	소행성	목성	토성	천왕성
태양-행성 거리(AU)	0.4	0.7	1.0	1.6	2.8	5.2	10	19.6

4. 위 실험에서 가정한 사실은 무엇인가?

5. 문제4의 가정을 케플러 시대에는 어떻게 알 수 있었을까?

실험 3. 지구는 원운동을 할까? 타원운동을 할까?

[실험목표]

알GIF를 이용하여 지구가 원운동 혹은 타원운동을 하는지 확인할 수 있다.

[준비물]

알GIF 프로그램, 태양 사진

[실험 과정]

① 인터넷 http://sohowww.nascom.nasa.gov/에 접속한다.

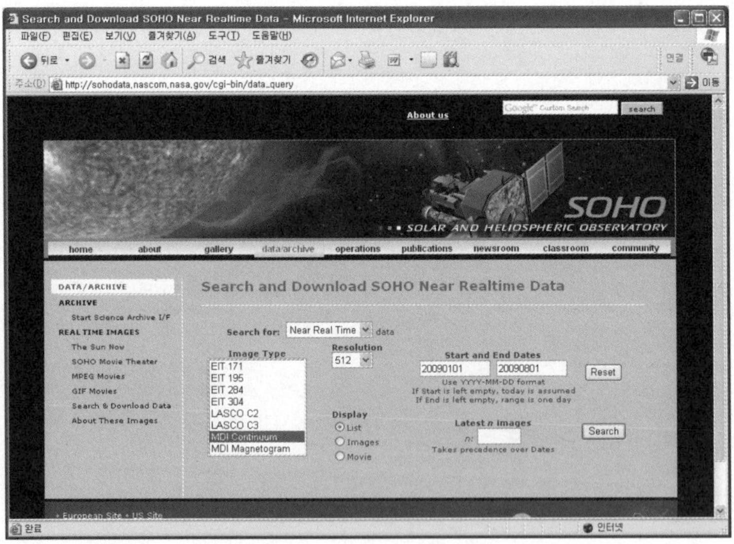

② data/archive-Search & Download Data를 클릭한다.

③ 화면 좌측의 Image type은 'HMI Continuum'을 설정하고, Start and End Dates에서 검색하고자 하는 시작 날짜와 종료 날짜를 입력한 후 Search를 클릭한다.

④ 15일 간격으로 12개월의 태양 관측 자료를 다운 받는다.

⑤ 인터넷 'www.altools.co.kr'에서 알GIF 프로그램을 다운받아 설치한다.

⑥ '파일열기'를 클릭한 후 태양 자료를 선택한다.

⑦ 태양 사진 아래 부분의 화살표 '➡'을 더블 클릭한 후 파일을 선택하는 창이 나타나면 계속하여 차례대로 파일을 선택한다. 파일을 선택할수록 가장 위쪽에 있는 사진에서는 동영상 형태로 나타내어짐을 볼 수 있다.

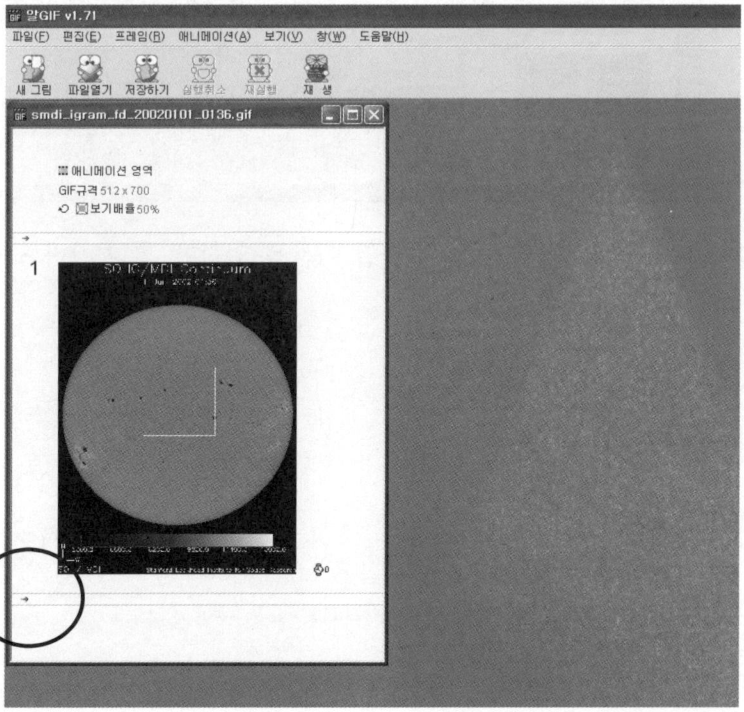

⑧ 동영상이 완성된 후 사진과 사진 사이의 간격을 조정하기 위해서는 사진의 오른쪽 아래에 위치한 시계를 더블 클릭하면 표시창이 나타나는데 '모두'를 클릭한 후 적절한 시간을 입력하도록 한다.

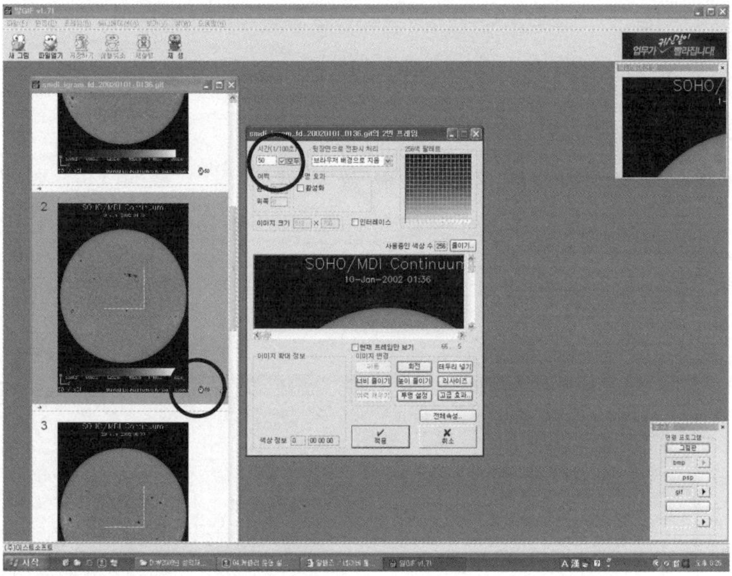

⑨ '파일' - '저장'을 클릭한 후 파일 이름을 입력한 후 저장하도록 한다.

실험 3 지구는 원운동을 할까? 타원운동을 할까?

1. 완성된 동영상을 살펴보며 태양을 자세히 살펴보자. 어떤 특이한 현상이 발견되는가?

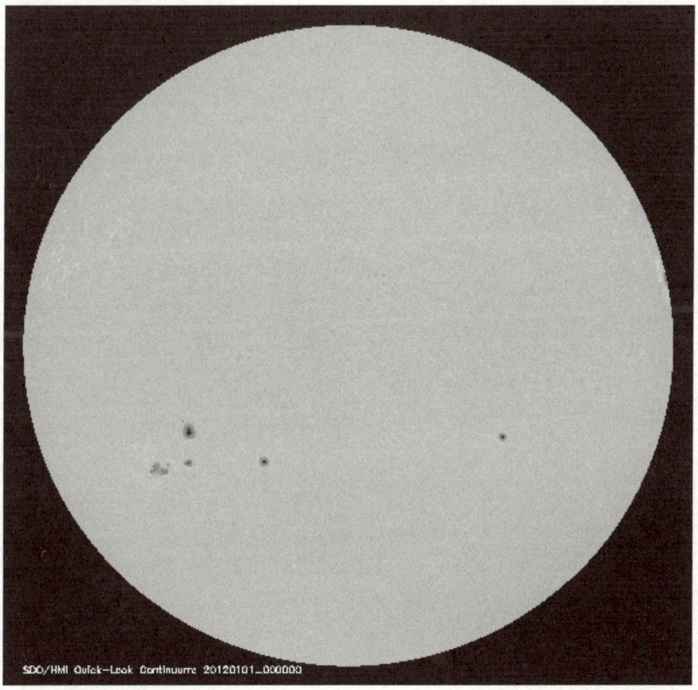

앞의 과정을 수행하면 동영상이 만들어지고, 이를 클릭하면 태양의 크기가 작아졌다 커졌다 변화한다.

2. 문제1에서 이러한 현상이 나타나는 이유는 무엇일까? 그리고 이것은 무엇을 의미하는가?

3. 위 사진을 이용하여 어떻게 지구 공전 궤도 이심률을 구할 수 있을까? (단, 지구의 이심률은 0.0167이다.)

실험 4. 엑셀을 이용한 행성의 운동 시뮬레이션하기

[실험목표]

엑셀을 이용하여 행성의 궤도 운동을 시뮬레이션할 수 있다.

[준비물]

엑셀 프로그램

[이론적 배경]

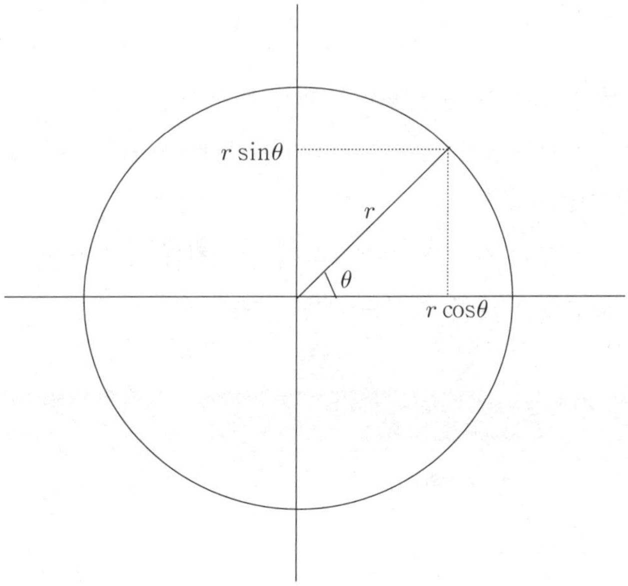

반지름이 r인 원을 직교 좌표로 표현하면 x축 성분은 $r\cos\theta$, y축 방향 $r\sin\theta$가 된다.

[실험 과정]

가. 행성의 위치 결정

① 기초 설정으로 [기타 명령] – [리본 사용자 지정] – [개발도구]를 활성화한다.

② 회전각 θ를 360도까지 10도 단위로 입력한다.

③ 엑셀은 기본적으로 각을 '라디안'으로 인식한다. 따라서 도 단위의 회전각을 라디안으로 바꾸어야 한다. 180°는 πrad이므로 $x°$를 라디안으로 바꾸면 $x° \times \dfrac{\pi rad}{180°}$와 같다. 따라서 '=A3*PI()/180'로 표시한다.

④ 지구의 운동에서 x축 성분은 $r\cos\theta$이므로 다음과 같이 표현할 수 있다.
'=$L$6*COS(B3)'
여기에서 행 번호와 열 문자 앞의 '$' 기호는 절대 참조로 값을 고정시켜주는 것이다.

⑤ x축 성분의 모든 행에도 드래그하여 동일하게 설정한다.

⑥ 지구의 운동에서 y축 성분은 $r\sin\theta$이므로 다음과 같이 표현할 수 있다.
'=$L$6*SIN(B3)'

⑦ y축 성분의 모든 행에도 드래그하여 동일하게 설정한다.

⑧ 동일한 과정으로 다른 행성도 완성한다.

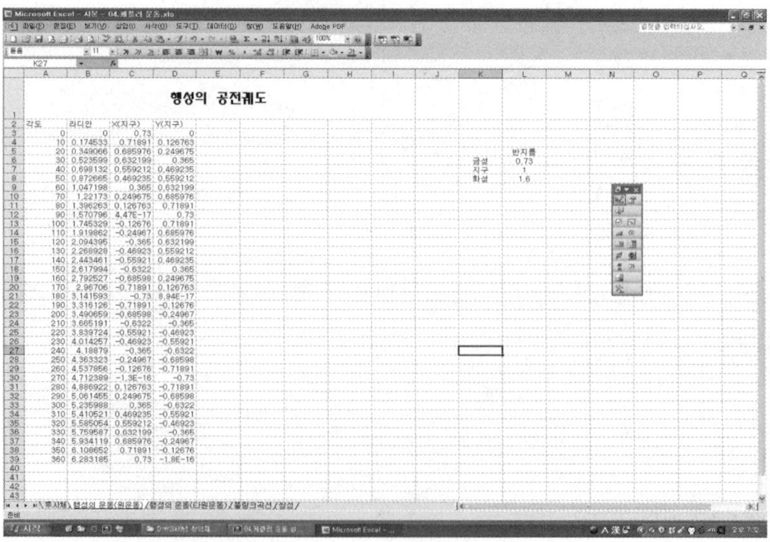

나. 행성의 궤도 가시화

① 엑셀에서 [삽입] - [분산형]을 클릭한다.

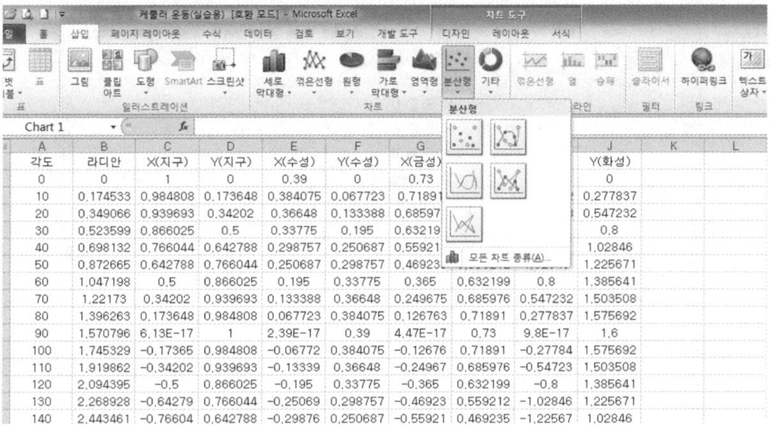

② 그래프에 커서를 위치한 후 마우스의 오른쪽을 누른 후 '데이터 선택'을 클릭한다.

③ '추가'를 클릭한 후 X값을 클릭하여 'X(지구)' 전체를 선택하고, Y값을 클릭하여 'Y(지구)' 전체를 선택하고 [확인]을 클릭한다.

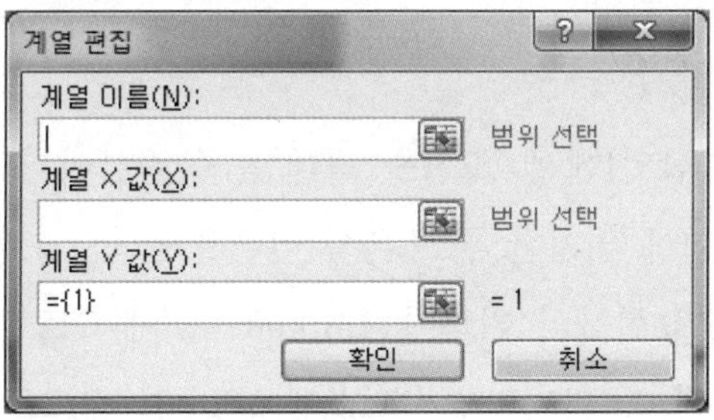

다. 행성의 궤도 선으로 표현하기

① 공전 궤도선을 나타내는 표식에 커서를 위치하고 오른쪽 버튼을 클릭한 후 [데이터 계열 서식]을 클릭한다.

② [표식 옵션]을 클릭한 후 '없음'을 선택하고, [선 색]에서 '자동'을 선택하고 [선 스타일]에서 두께를 적당히 조절한 후 클릭한다.

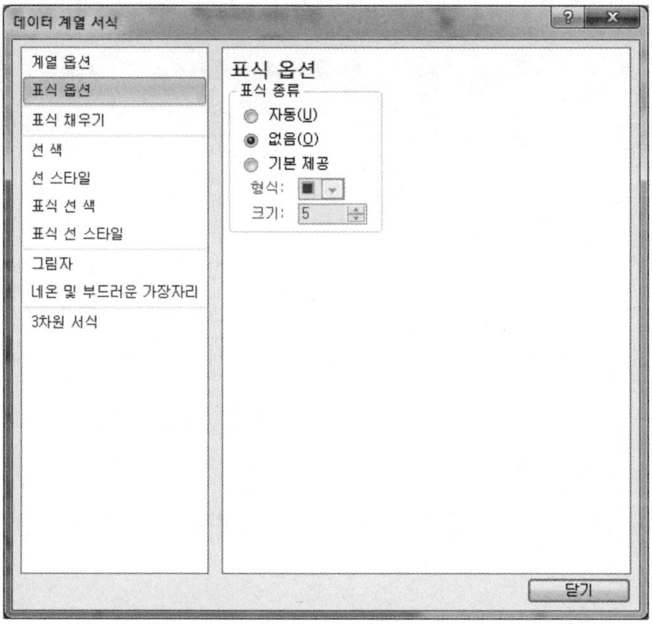

③ 각 행성에 대하여 동일한 과정을 반복하여 행성 궤도를 완성하도록 한다.

라. 시간 변화 표현하기

① [개발도구] - [삽입]에서 '스크롤 막대'를 클릭하여 적당한 크기로 만든다.

② 커서를 스크롤바에 위치한 후 오른쪽 버튼을 눌러 '컨트롤 서식'을 클릭한다. 그리고 시간을 표현하기 위하여 'LinkedCell'에 O12로 표시하고, 시작일을 0이므로 'Min'에 0, 마지막일 'Max'에 5000일 정도로 표시한 후 닫는다.

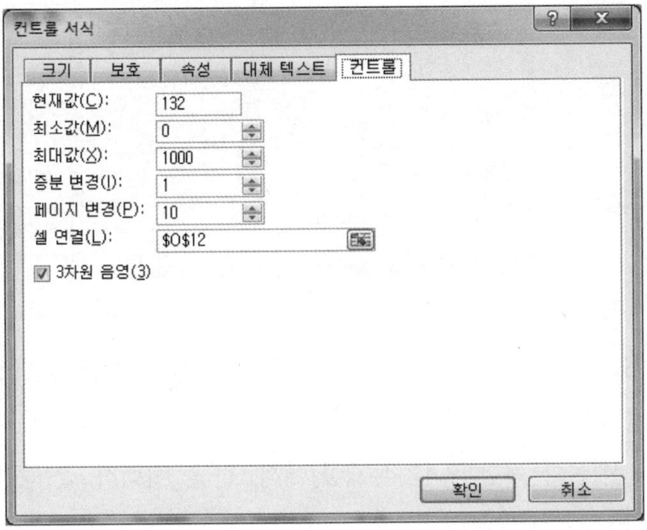

마. 행성의 이동 표시하기

① 지구의 운동에서 x축 성분은 $r\cos\theta$으로 입력한다.

② 위에서 행성의 공전각을 표현해 보자.

케플러 제3법칙 $P^2=a^3$에서 $P=a^{3/2}$가 된다.(P는 년, a는 AU단위이다.)

행성은 P년 동안 360도 회전하므로 1일 동안 행성이 회전하는 각도를 구하는 관계식은 P년 : 360도 = 1일 : $x°$이 된다.

그런데 P의 단위는 년이므로 이를 같게 해주면 P년 × 365일 : 360° = 1일 : $x°$ 이다.

따라서 $x° = \dfrac{360°}{P\text{년} \times 365\text{일}} = \dfrac{360°}{a^{3/2} \times 365\text{일}}$ 가 된다.

이를 엑셀의 값으로 표현하면 위와 같이 된다.

'=$N$8*COS(360/365/$N$8^1.5*PI()/180*$O$12)'

③ 지구의 운동에서 y축 성분은 $r\sin\theta$이므로 다음과 같이 표현할 수 있다.

'=$N$8*SIN(360/365/$N$8^1.5*PI()/180*$O$12)'

④ 커서를 그래프에 위치한 후 마우스 오른쪽을 클릭한 후 '데이터 선택'을 클릭한다. '추가'를 클릭한 후 '계열 이름'에 지구를 입력하고, 계열 X값에는 지구의 X값, 계열 Y값에는 지구의 Y값을 선택한 후 '확인'을 클릭한다.

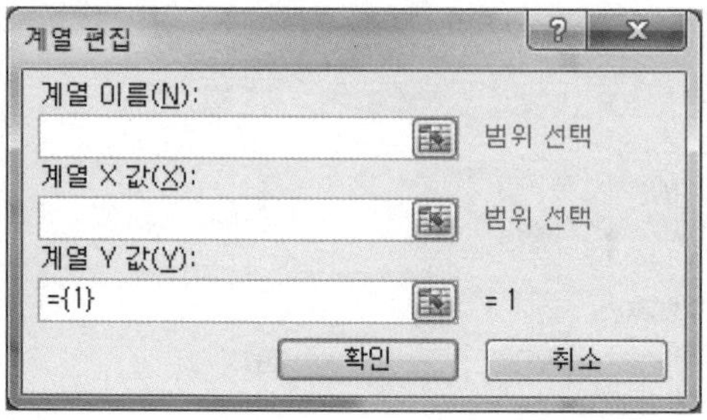

⑤ 지구의 표식에 커서를 위치한 후 오른쪽 버튼을 클릭한 후 [데이터 계열 서식]을 클릭한다.

⑥ [표식 옵션]을 클릭한 후 [기본제공]에서 '원'을 선택하고 크기를 '11' 정도로 선택한다.

⑦ 각 행성에 대하여 동일한 과정을 반복한다.

바. 행성의 공전 운동 시뮬레이션하기

① 시간 값을 변화시키면서 행성의 운동을 살펴보자.

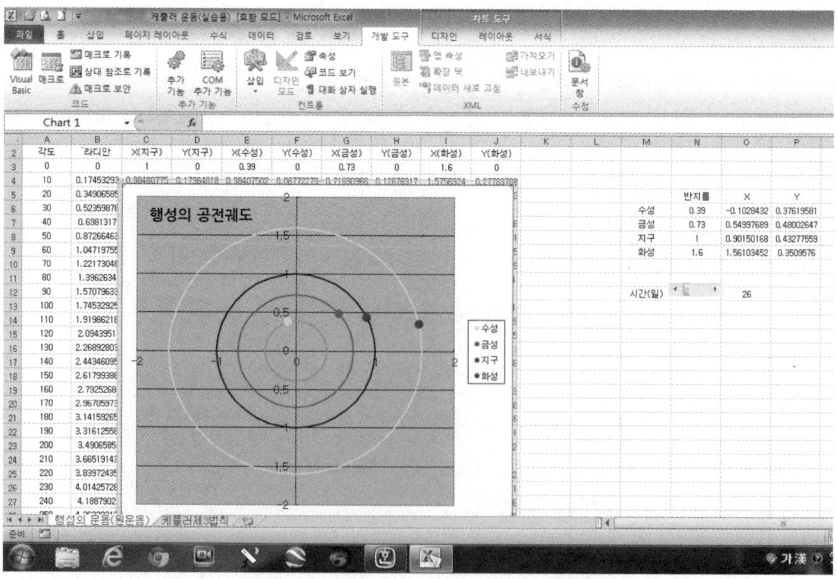

실험 4 엑셀을 이용한 행성의 운동 시뮬레이션하기

1. 내행성과 외행성의 거리 분포를 보고 느낀 점을 말해보자.

2. 거리에 따른 행성의 속도는 어떤 경향이 나타나는가?

3. [과제] 위 실험은 행성이 원운동을 하는 경우를 나타낸 것이다. 위와 동일한 방법을 이용하여 행성이 타원운동을 할 때의 시뮬레이션을 해보자.

실험 5. 케플러 제3법칙은 어떻게 발견할 수 있을까?

[실험목표]

엑셀 프로그램을 활용하여 행성 시뮬레이션 자료에서 케플러 제3법칙을 찾아낼 수 있다.

[준비물]

엑셀 프로그램, 행성 시뮬레이션 자료

[역사적 배경]

1601년 튀코 브라헤가 죽자 그의 법적인 상속자였던 케플러는 그의 모든 관측 자료를 인수받았고 이를 바탕으로 화성의 위치를 연구하기 시작하였다. 그러나 화성 궤도를 그리던 케플러는 그 궤도가 계란 모양으로 찌그러지는 문제에 봉착했고, 당시를 이렇게 회고했다. '이와 같은 지루한 계산에 진력이 났어. 신이시여! 적어도 70번 이상 계산을 되풀이한 저를 불쌍히 생각해 주십시오.'

피타고라스로부터 플라톤, 프톨레미이오스, 코페르니쿠스, 브라헤, 갈릴레이에 이르기까지 서양의 역사를 통틀어 행성의 궤도에 대해서는 원일 것이라고 생각했다. 이는 신의 창조의 완전성에 대한 믿음이었다. 그래서 케플러 역시 3년간에 걸친 계산을 통해 다시금 화성의 원형궤도를 증명할 수 있는 계산을 2분(1/30도)의 차이로 일치시켰다. 하지만 브라헤의 화성에 관한 다른 2회의 관측 자료를 계산하면서 8분의 차이가 발생하자 케플러는 절망에 빠졌다. 처음에 케플러는 화성 궤도가 완전한 타원이라는 것을 받아들이지 않았고 단지 원과 타원의 중간 정도일 것으로 생각했다.

요하네스 케플러

한편 또 하나의 문제가 있었는데 그것은 화성의 속도 문제였다. 이는 태양에 가까워지면 빨라지고 멀어지면 느려지는 문제였다. 1년간이나 고민하던 케플러는 '만약 행성이 긴 끈으로 태양에 연결되어 있다면, 행성이 태양에 가까우면 넓은 부채꼴로 멀면 좁은 부채꼴로 나타나지만 끈이 가로지르는 면적은 같지 않을까?' 하는 생각을 갖게 되었고 계산 결과 그 면적은 동일한 것으로 나타났다. 하지만 이 당시에도 그는 타원에 대한 확신은 갖지 못했다.

다시 몇 달의 고민 끝에 그는 궤도의 납작해진 정도와 2개의 초점 사이를 잇는 식을 발견했고, 드디어 화성의 궤도를 기술할 수 있는 방정식을 얻어냈지만, 이 방정식이 자신의 생각을 더 이상 잘 나타내지 못한다고 생각하여 이 방정식을 버리고 다른 방정식을 고안하게 되었다. 다시 몇 달의 고민 뒤에 그는 예전에 자신이 찾아낸 방정식이 타원의 공식이라는 것을 알게 되었다. 그는 이렇게 말했다. '내가 거절하여 쫓아버린 자연의 진리가 모습을 바꾸어 뒷문으로 살금살금 되돌아온 셈이다. 아! 나는 얼마나 바보 같은 새였던가!'

하지만 아직도 케플러를 괴롭히는 문제가 하나 있었는데 '왜 행성과 태양 사이의 거리가 일정하지 않을까?' 하는 것이었다. 10년간의 고민 끝에 그는 그의 방정식이 궤도의 형태뿐만이 아니라 시간도 중요하다는 사실을 찾아냈고 앞의 '신 천문학'을 통해 두 법칙(케플러 제1법칙, 케플러 제2법칙)을 발표한 9년 후인 1618년 '우주의 조화'에 이 사실을 발표하게 된다. 즉 태양으로부터 행성까지의 거리의 세 제곱은 행성의 공전주기의 제곱에 거의 일치한다는 것이었다.

그는 이것에 만족하지 않고 보다 근본적인 문제에 접근하려 하였다. 즉 천체의 운동에 대한 태양의 영향을 찾아내는 일이었는데, 그는 멀리 있는 행성도 태양의 존재를 느끼고 있는 것 같으며 자력 비슷한 것이 행성 운동과 관련이 있음을 예측했다. 바로 만유인력의 존재를 예견한 것이었다.

[실험 과정]

① 행성의 시뮬레이션 프로그램을 실행시킨다.

② 지구와 행성을 합, 혹은 충에 위치한 후 시간을 변화시켜 다시 합 혹은 충에 위치시킬 때 소요되는 시간을 구한다.

실험 5 케플러 제3법칙은 어떻게 발견할 수 있을까?

1. 각 행성의 회합주기는 얼마인가?

행성	수성	금성	지구	화성	소행성	목성	토성	천왕성
회합주기(일)								

2. 각 행성의 회합주기를 이용하여 행성의 공전 주기를 구해 보자.

행성	수성	금성	지구	화성	소행성	목성	토성	천왕성
공전주기(년)								

3. 다음 표는 각 행성과 태양까지의 거리를 나타낸 것이다. 엑셀을 이용하여 태양–행성 거리와 공전주기의 관계식을 유도해 보자.

행성	수성	금성	지구	화성	소행성	목성	토성	천왕성
태양–행성 거리(AU)	0.4	0.7	1.0	1.5	2.8	5.2	9.5	19.1

실험 6. 확장된 케플러 법칙

케플러 제1법칙은 "태양계 내의 모든 행성은 태양을 한 초점으로 하는 타원궤도를 돈다."이다. 그런데 행성뿐 아니라 지구의 위성인 달도 타원궤도를 가졌고(5, 6장 참조), 목성의 위성들도 거의 원에 가까운 타원궤도를 돈다(8장 참조). 그렇다면 케플러 제1법칙을 아래와 같이 확장할 수 있을까?

태양계 내의 모든 천체는 그 모 천체를 한 초점으로 하는 타원 궤도를 돈다.

1) 원래의 케플러 제1법칙과 확장된 케플러 제1법칙은 서로 어떻게 다른가?
2) 라카토스에 의하면 원래의 케플러 제1법칙과 확장된 케플러 제1법칙 중 어떤 법칙이 더 반증 가능한가?
3) 그렇다면 어떤 법칙이 더 일반적인가?

08 행성의 운동: 수치해석학적인 방법[1)]

지금까지는 관측을 통하여 행성의 운동을 알아보았다. 그리고 이를 통하여 케플러 법칙을 얻을 수 있었다. 뉴턴은 만유인력의 법칙을 이용하여 이러한 행성의 운동을 이론적으로 기술하였고, 이를 통하여 케플러의 제1법칙인 타원의 법칙이 실제는 원추곡선으로 나타나는 모든 궤도가 다 가능하다는 것을 알게 되었고, 제2법칙인 면적 속도 일정의 법칙은 단위 질량당 각운동량의 보존과 일치함을 알게 되었으며, 제3법칙인 조화의 법칙은 총 에너지가 보존됨과 일치함을 알게 되었다. 이제 이러한 이론적인 해석학적인 풀이는 일반적인 대학물리 수준의 참고도서에 다 나와 있기에[2)] 여기서는 수치해석학적인 방법을 제시한다.

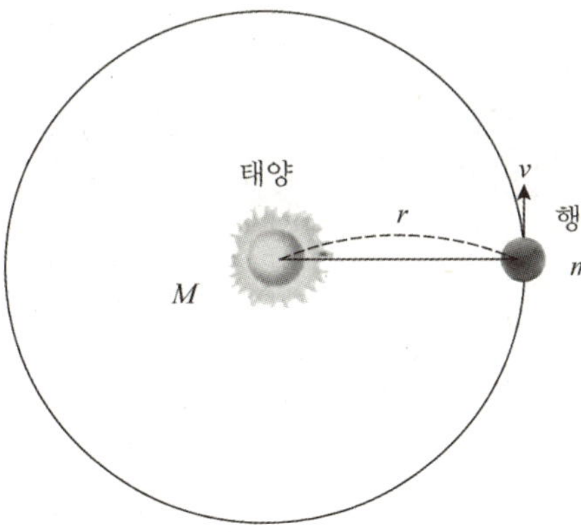

[그림 8-1] 행성의 운동

1) 최승언, 우홍균, 2009, 수학과 컴퓨터를 이용한 과학 이해하기, 청범출판사 참조.
2) 최승언, 2008, 천문학의 이해, 서울대학교출판문화원 참조.

$M \gg m$인 경우, 두 질량체의 질량 중심은 질량 M인 천체의 중심에 매우 가깝다(그림 8-1). 따라서 이러한 경우에 질량 m인 천체의 운동방정식은

$$m\ddot{\vec{r}} = -\frac{GMm}{r^2}\hat{r} \tag{8-1}$$

이 된다. 그런데 $\vec{r} = (x, y)$ 이기에 $\dot{\vec{r}} = \vec{v} = (v_x, v_y)$, $\ddot{\vec{r}} = \dot{\vec{v}} = (\dot{v}_x, \dot{v}_y) = (\ddot{x}, \ddot{y})$이다. 또한 $\hat{r} = \left(\frac{x}{\sqrt{x^2+y^2}}, \frac{y}{\sqrt{x^2+y^2}}\right)$이다. 따라서 (8-1)의 운동방정식은

$$\ddot{x} = -\frac{GMx}{(x^2+y^2)^{3/2}} \tag{8-2-1}$$

$$\ddot{y} = -\frac{GMy}{(x^2+y^2)^{3/2}} \tag{8-2-2}$$

가 된다. (8-2)의 방정식은 2원 2차 연립미분방정식이다. 이를 4원 1차 연립미분방정식으로 다음과 같이 바꿀 수 있다.

$$\dot{v}_x = -\frac{GMx}{(x^2+y^2)^{3/2}} \tag{8-3-1}$$

$$\dot{x} = v_x \tag{8-3-2}$$

$$\dot{v}_y = -\frac{GMy}{(x^2+y^2)^{3/2}} \tag{8-3-3}$$

$$\dot{y} = v_y \tag{8-3-4}$$

이제 (8-3)의 방정식을 풀려면 $t=0$일 때의 초기 조건(initial condition)인

$$\vec{r_0} = (x_0 \cdot y_0) \tag{8-4-1}$$

$$\overrightarrow{v_0} = (v_{x_0},\ v_{y_0}) \qquad (8\text{-}4\text{-}2)$$

가 주어져야 한다.

그런데 (8-3)의 방정식을 쉽게 풀기 위해서는 크기조정(scaling)을 해야 한다. (8-2-1)식의 차원(dimension)만을 분석해 보면,

$$\frac{\left(\frac{x}{r_0}\right)r_0}{\left(\frac{t}{t_0}\right)^2 t_0^2} = \frac{GM_0\left(\frac{M}{M_0}\right)\left(\frac{x}{r_0}\right)r_0}{\left(\frac{r}{r_0}\right)^3 r_0^3} \qquad (8\text{-}5)$$

가 된다. 만약

$$r_0^3 = GM_0 t_0^2 \qquad (8\text{-}6)$$

이면, (5)식은

$$\frac{\left(\frac{x}{r_0}\right)}{\left(\frac{t}{t_0}\right)^2} = \frac{\left(\frac{M}{M_0}\right)\left(\frac{x}{r_0}\right)}{\left(\frac{r}{r_0}\right)^3} \qquad (8\text{-}7)$$

이 된다. 따라서 $v_0 = \frac{r_0}{t_0}$, $a_0 = \frac{r_0}{t_0^2}$가 되고, $\frac{x}{r_0} \to x$, $\frac{y}{r_0} \to y$, $\frac{r}{r_0} \to r$, $\frac{t}{t_0} \to t$, $\frac{M}{M_0} \to M$, $\frac{v_x}{v_0} \to v_x$, $\frac{v_y}{v_0} \to v_y$, $\frac{a_x}{a_0} \to a_x$, $\frac{a_y}{a_0} \to a_y$라 놓으면, (8-3)식은 모두

$$\dot{v}_x = -\frac{Mx}{(x^2+y^2)^{3/2}} \qquad (8\text{-}8\text{-}1)$$

$$\dot{x} = v_x \qquad (8\text{-}8\text{-}2)$$

$$\dot{v_y} = -\frac{My}{(x^2+y^2)^{3/2}} \tag{8-8-3}$$

$$\dot{y} = v_y \tag{8-8-4}$$

가 된다. (8-4)식의 초기 조건도 크기 조정된 초기조건으로 놓으면 된다.

이제 (8-6)식을 살펴보자, $r_0 = 1\,AU$, $M_0 = M_\odot$(태양 질량), $P_0 = 1$ 년의 단위로 놓으면, 케플러의 제3법칙인 $\frac{r^3}{P^2} = \left(\frac{G}{4\pi^2}\right)M$은

$$\frac{r^3/r_0^3}{P^2/P_0^2}\frac{r_0^3}{P_0^2} = \left(\frac{G}{4\pi^2}\right)\left(\frac{M}{M_0}\right)M_0 \tag{8-9}$$

가 되어 결국

$$\frac{r^3/r_0^3}{P^2/P_0^2} = \left(\frac{M}{M_0}\right) \tag{8-10}$$

이 되고,

$$\frac{r_0^3}{P_0^2} = \left(\frac{G}{4\pi^2}\right)M_0 \tag{8-11}$$

가 되어야 한다. (8-11)식과 (8-6)식을 비교하면,

$$t_0 = \frac{P_0}{2\pi} = \frac{1}{2\pi}\text{년} \tag{8-12}$$

이 된다. 이제 (8-8)식의 연립미분방정식은 (8-4)식의 초기조건과 [그림 8-1]의

풀이과정을 이용하면 [그림 8-2]와 같이 풀 수 있다.

[그림 8-1] 2차미분방정식의 수치해석학적인 해

2차 미분방정식 $\frac{d^2x}{dt^2}=a(x,t)$의 수치해석학 해법

2차 미분방정식 $\frac{d^2x}{dt^2}=a(x,t)$은

$$\frac{dv}{dt}=a(x,\ t) \tag{8-13-1}$$

$$\frac{dx}{dt}=v(x,\ t) \tag{8-13-2}$$

인 1차 연립미분방정식으로 바꿀 수 있다. 변수는 x, v, t 이며, (8-13) 방정식을 풀면 $a(t)$, $v(t)$, $x(t)$로 나타낼 수 있다. 이를 위해 초기조건($t=0$)인 $v(0)$, $x(0)$를 알아야 한다. 이 방정식의 수치해석학 해는

$$\begin{array}{ll} v_1=v_o+a_o\Delta t, & x_1=x_o+v_o\Delta t \\ \vdots & \vdots \\ v_{n+1}=v_n+a_n\Delta t, & x_{n+1}=x_n+v_n\Delta t \end{array} \tag{8-14}$$

으로 얻을 수 있다.

단위질량당 총 에너지 E는 v_0^2의 단위로 구하면,

$$E=\frac{1}{2}v^2-\frac{M}{r} \tag{8-15}$$

가 된다.

단위질량당 총 각운동량 ℓ은 r_0v_0의 단위로 구하면,

$$\ell = x_0 v_{y_0} \tag{8–16}$$

된다.

이심률 e는 (6)식을 이용하면,

$$e = \sqrt{1 + \frac{2E\ell^2}{M^2}} \tag{8–17}$$

가 된다. [그림 8–2]는 $M=2$, $(x_0,\ y_0)=(1,0)$, $(v_{x_0},\ v_{y_0})=(0.1.5)$인 경우의 해이다.

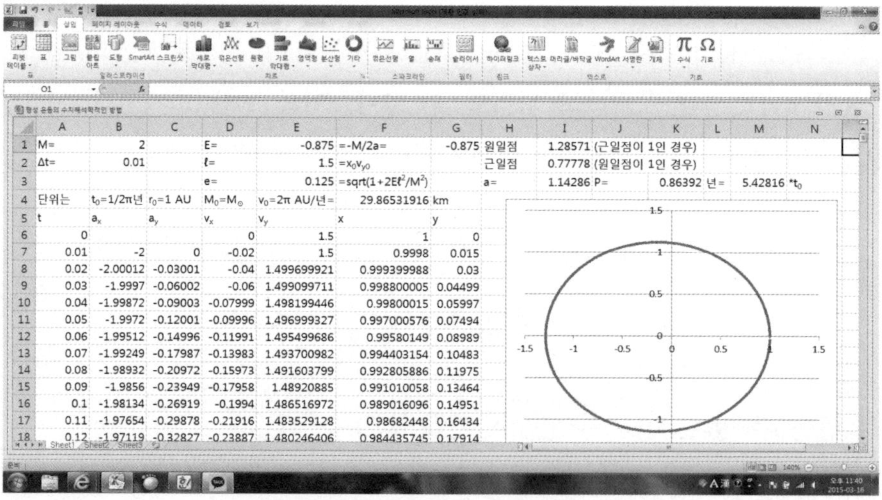

	A	B	C	D	E	F	G	H	I	J	K	L	M	N
1	M=	2		E=	-0.875	=-M/2a=	-0.875	원일점	1.28571	(근일점이 1인 경우)				
2	Δt=	0.01		ℓ=	1.5	$=x_0v_{y0}$		근일점	0.77778	(원일점이 1인 경우)				
3				e=	0.125	$=sqrt(1+2E\ell^2/M^2)$		a=	1.14286	P=	0.86392	년=	5.42816	$*t_0$
4	단위는	t_0=1/2π년	r_0=1 AU	$M_0=M_\odot$	v_0=2π AU/년=	29.86531916	km							
5	t	a_x	a_y	v_x	v_y	x	y							
6	0			0	1.5	1	0							
7	0.01	-2	0	-0.02	1.5	0.9998	0.015							
8	0.02	-2.00012	-0.03001	-0.04	1.499699921	0.999399988	0.03							
9	0.03	-1.9997	-0.06002	-0.06	1.499099711	0.998800005	0.04499							
10	0.04	-1.99872	-0.09003	-0.07999	1.498199446	0.99800015	0.05997							
11	0.05	-1.9972	-0.12001	-0.09996	1.496999327	0.997000576	0.07494							
12	0.06	-1.99512	-0.14996	-0.11991	1.495499686	0.99580149	0.08989							
13	0.07	-1.99249	-0.17987	-0.13983	1.493700982	0.994403154	0.10483							
14	0.08	-1.98932	-0.20972	-0.15973	1.491603799	0.992805886	0.11975							
15	0.09	-1.9856	-0.23949	-0.17958	1.48920885	0.991010058	0.13464							
16	0.1	-1.98134	-0.26919	-0.1994	1.486516972	0.989016096	0.14951							
17	0.11	-1.97654	-0.29878	-0.21916	1.483529128	0.98682448	0.16434							
18	0.12	-1.97119	-0.32827	-0.23887	1.480246406	0.984435745	0.17914							

[그림 8–2] 행성 운동의 수치해석학적인 해

활동 12 엑셀을 이용하여 그래프 그리기

[실험목적]

엑셀을 이용하여 변수에 따른 그래프의 변화를 확인할 수 있다.

[준비물]

엑셀 프로그램

[이론적 배경]

물리의 역학에서 초기속도 v_0로 발사되는 임의의 투사체의 시간에 따른 이동경로를 그래프로 표현하는 과정을 알아 보자.

초기속도를 v_0, 발사각을 θ라 가정할 경우 x축 방향의 속도성분 $v_x = v_0 \cos\theta$가 되고, y축 방향의 속도성분 $v_y = v_0 \sin\theta$가 된다.

y축 방향의 속도는 지구의 중력가속도와 반대가 된다. 그러므로

가속도 $a = \dfrac{v - v_0}{t}$에서 나중속도 $v = v_0 + at$가 되고 $v_y = v_0 \sin\theta - gt$가 된다.

이동거리 $S = \left(\dfrac{v + v_0}{2}\right)t$에서 $S = \left(\dfrac{v + v_0}{2}\right)t = \left(\dfrac{v_0 + at + v_0}{2}\right)t = v_0 t + \dfrac{1}{2}at^2$이 된다.

즉 x축 방향의 이동거리 $S_x = v_0 \cos\theta\, t$이고,

y축 방향의 이동거리 $S_y = v_0 \sin\theta\, t - \dfrac{1}{2}gt^2$이 된다.

[실험 과정]

가. 기본 설정

① 엑셀에서 [보기]-[도구모음]-[컨트롤 도구상자]를 클릭한다.

나. 기초 자료 입력

초기속도 v_0와 발사각 θ를 변수로 설정하고, 스크롤바를 이용하여 조절하는 과정을 알아 보자. 초기속도는 0m/s~20m/s, 발사각 θ는 0°~90°로 설정하자.

① 투사체의 비행시간 t를 10초까지 0.1초 단위로 입력한다.

② 빈 공란에 초기속도와 발사각을 표시한 후 [스크롤 막대]를 클릭한 후 드래그하여 차례로 옆에 스크롤막대를 표시한다.

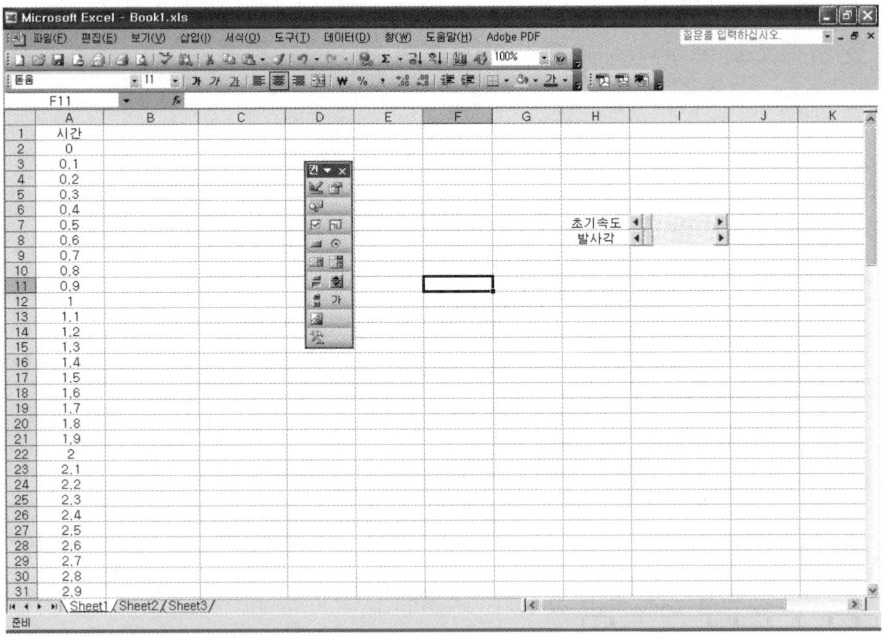

③ 커서를 초기속도 옆의 스크롤바에 위치한 후 오른쪽 버튼을 눌러 속성을 클릭한다. 그리고 초기속도 값을 J7에 표시하기 위하여 'LinkedCell'에 J7을 표시하고, 최솟값이 0m/s이므로 'Min'에 0, 최댓값이 20m/s이므로 'Max'에 20을 표시한 후 닫는다.

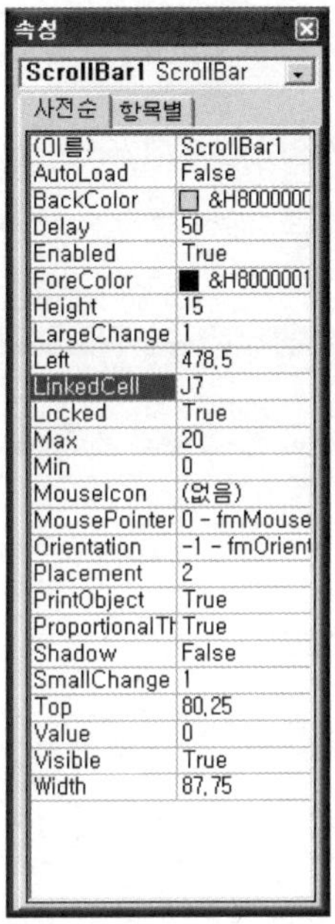

④ 커서를 발사각 옆의 스크롤바에 위치한 후 오른쪽 버튼을 눌러 속성을 클릭한다. 그리고 발사각 값을 J8에 표시하기 위하여 'LinkedCell'에 J8을 표시하고, 최솟값이 0°이므로 'Min'에 0, 최댓값이 90°이므로 'Max'에 90을 표시한 후 닫는다.

⑤ 스크롤바의 설정이 올바르게 설정되었는지 확인하기 위하여 [컨트롤 도구상자]의 [디자인 모드 끝내기]를 클릭한 후 초기속도 스크롤바를 좌우로 움직여 값의 변화를 확인한다. 발사각도 동일하다.

다. X축 방향의 이동거리와 Y축 방향의 이동거리 수식 표현

① x축 방향의 이동거리 $S_x = v_0 \cos\theta\, t$이므로 B2 (t=0)란에 '=$J$7*COS($J$8*PI()/180)*A2'로 표시한다.

여기에서 행 번호와 열 문자 앞의 '$' 기호는 절대 참조로 값을 고정시켜주는 것이고, 'PI()/180'은 엑셀에서는 각도를 항상 rad으로 간주하므로 degree를 rad으로 바꾸어 주는 과정이다.

② x축 방향의 이동거리 모든 행에도 드래그하여 동일하게 설정한다.

③ y축 방향의 이동거리 $S_y = v_0 \sin\theta\, t - \frac{1}{2}gt^2$이므로 C2 (t=0)란에

'=$J$7*SIN($J$8*PI()/180)*A2-1/2*9.8*A2^2'로 표시한다.

④ y축 방향의 이동거리 모든 행에도 드래그하여 동일하게 설정한다.

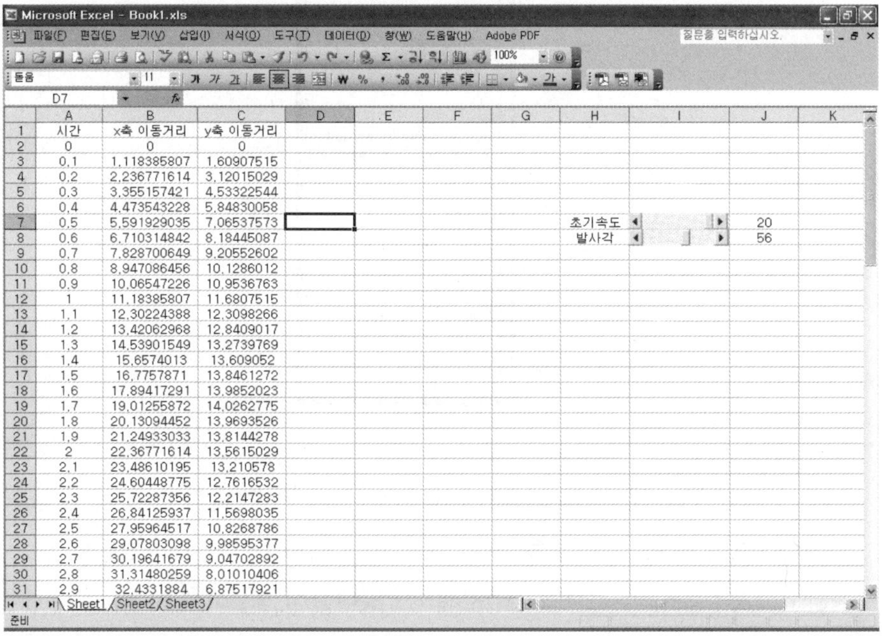

	A	B	C
1	시간	x축 이동거리	y축 이동거리
2	0	0	0
3	0,1	1,118385807	1,60907515
4	0,2	2,236771614	3,12015029
5	0,3	3,355157421	4,53322544
6	0,4	4,473543228	5,84830058
7	0,5	5,591929035	7,06537573
8	0,6	6,710314842	8,18445087
9	0,7	7,828700649	9,20552602
10	0,8	8,947086456	10,1286012
11	0,9	10,06547226	10,9536763
12	1	11,18385807	11,6807515
13	1,1	12,30224388	12,3098266
14	1,2	13,42062968	12,8409017
15	1,3	14,53901549	13,2739769
16	1,4	15,6574013	13,609052
17	1,5	16,7757871	13,8461272
18	1,6	17,89417291	13,9852023
19	1,7	19,01255872	14,0262775
20	1,8	20,13094452	13,9693526
21	1,9	21,24933033	13,8144278
22	2	22,36771614	13,5615029
23	2,1	23,48610195	13,210578
24	2,2	24,60448775	12,7616532
25	2,3	25,72287356	12,2147283
26	2,4	26,84125937	11,5698035
27	2,5	27,95964517	10,8268786
28	2,6	29,07803098	9,98595377
29	2,7	30,19641679	9,04702892
30	2,8	31,31480259	8,01010406
31	2,9	32,4331884	6,87517921

라. 투사체의 위치를 직교좌표계로 가시화하기

① 엑셀에서 [삽입]-[차트]를 클릭하고 [분산형]을 클릭하고 [다음]을 누른다.

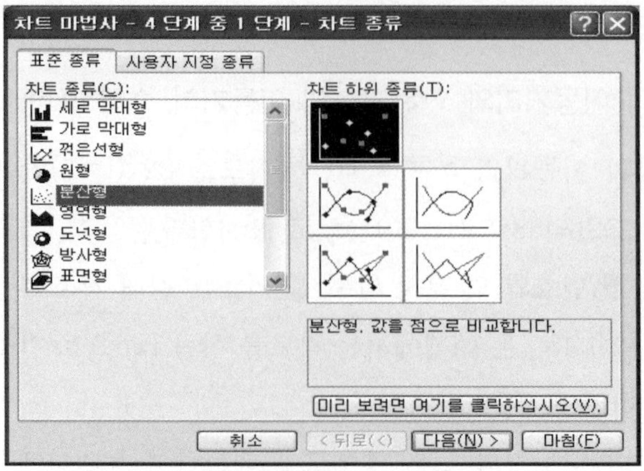

② 차트마법사 4단계 중 2단계에서 [계열] 탭을 클릭하고 [추가]를 클릭한다.

③ X값을 클릭하여 'X축 이동거리' 전체를 선택하고, Y값을 클릭하여 'Y축 이동거리' 전체를 선택하고 [다음]을 클릭한다.

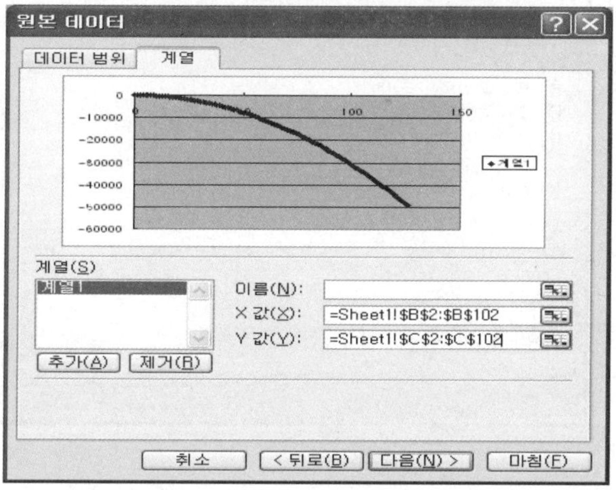

④ [제목]란에 값을 입력하고 [마침]을 클릭한다.

마. 투사체의 경로 표시하기

① Y축 이동거리 축 값에 커서를 위치하고 더블클릭한다.

② [눈금]을 선택한 후 최솟값을 0으로, 최댓값을 20으로 설정한다.

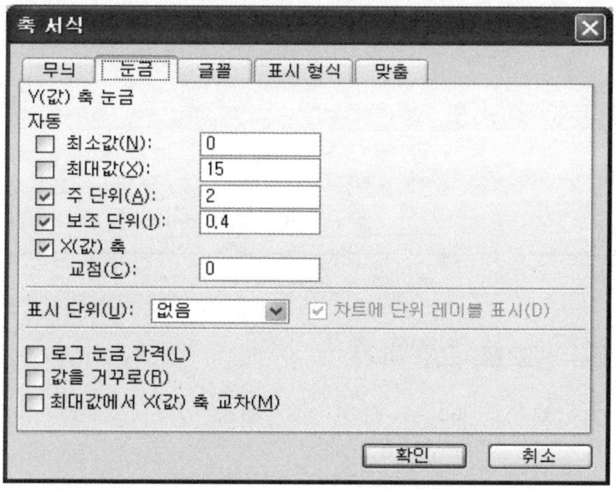

③ X축 이동거리 축 값에 커서를 위치하고 더블클릭한다.

④ [눈금]을 선택한 후 최솟값을 0으로, 최댓값을 20으로 설정한다.

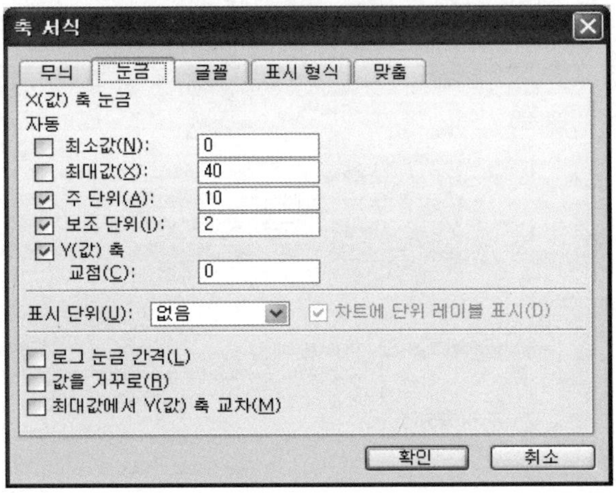

X축, Y축 이동거리로 표현된 투사체의 궤도 그림은 아래와 같다.

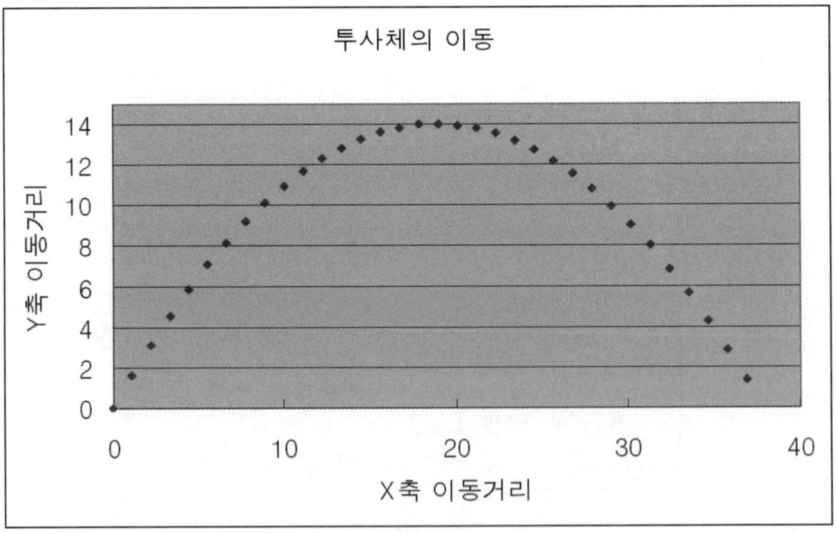

바. 투사체의 궤도 선으로 표현하기

① 투사체의 위치를 나타내는 청색 사각형에 커서를 위치하고 오른쪽 버튼을 클릭한 후 [데이터 계열 서식]을 클릭한다.

② [무늬]를 클릭한 후 [선]에서 '사용자 지정'을 선택하고 [스타일]에서 직선을 선택한다. 그리고 [표식]에서 '없음'을 선택한 후 [확인]을 클릭한다.

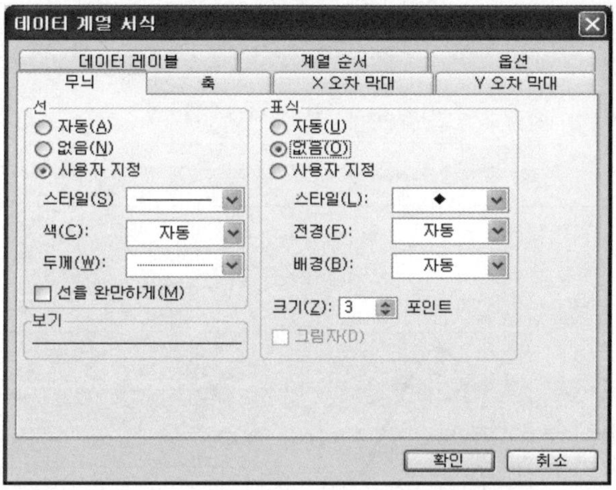

③ 이제 모든 것이 완료되었다. 초기속도와 발사각을 바꾸어 가며 투사체의 궤도의 변화 양상을 확인하면 된다.

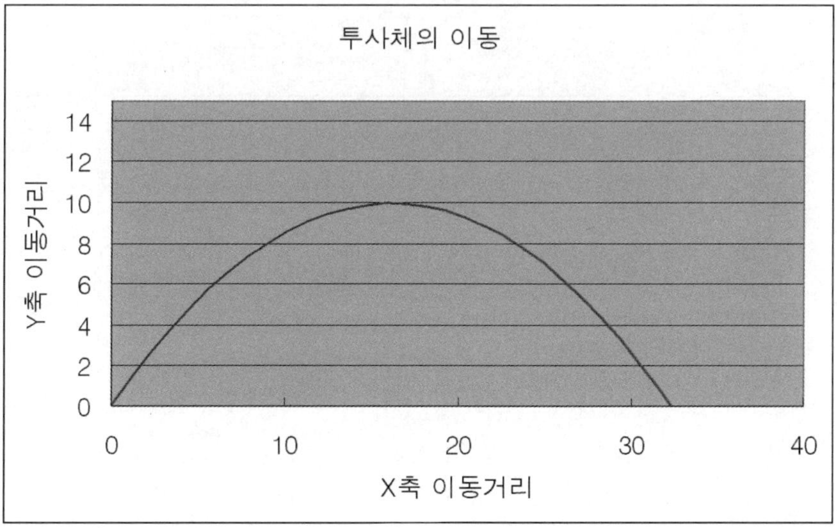

[연습 과제] 엑셀을 이용하여 플랑크 곡선 표현하기

플랑크 곡선 $B_\lambda(T) = \frac{2hc^2}{\lambda^5} exp\left(-\frac{hc}{\lambda kT}\right)$을 이용하여 온도 변화에 따른 복사의 세기를 그래프로 나타내시오. (광속도 $c = 3 \times 10^8 m/s$, 볼츠만 상수 $k = 1.38 \times 10^{-23} J/K$, 플랑크 상수 $h = 6.623 \times 10^{-34} J \cdot s$이다.)

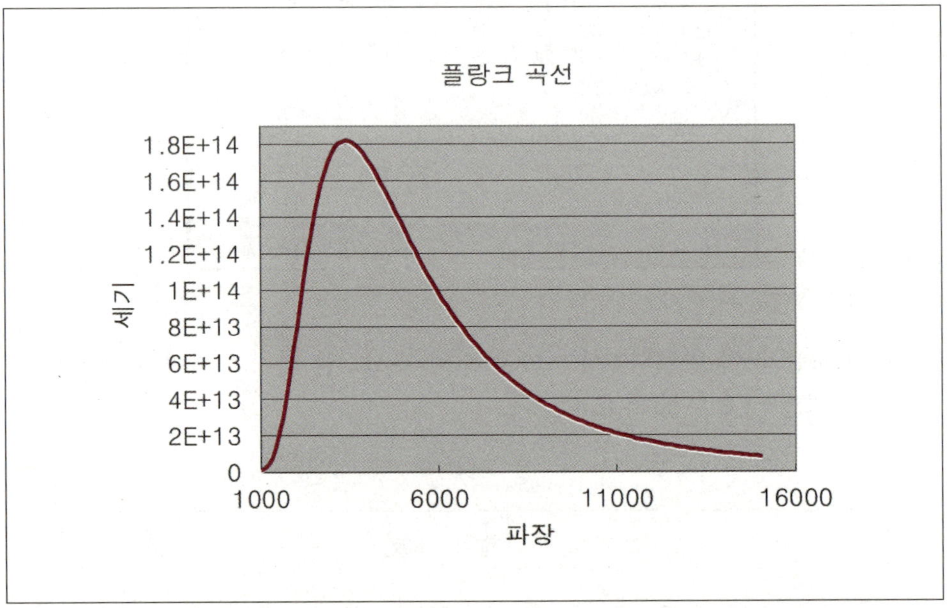

09 목성의 질량 구하기

초저녁 동쪽 하늘에서 밝게 빛나는 행성이 있다면 그것은 그리스 신화의 주신(主神) 주피터(Jupiter)이다. 목성의 회합주기는 399일이며 행성들 가운데서 가장 큰 목성은 지구보다 무려 318배 큰 질량을 가지고 있고, 그 지름은 지구의 11배나 된다. 태양까지 평균 거리는 5.2AU이며, 태양을 한번 도는 데 대략 12년 걸린다. 자전주기는 9시간 55분으로, 원심력이 크기 때문에 남북으로 약간 납작하여 적도의 지름이 극의 지름보다 6%나 크다. 지금까지 밝혀진 목성의 위성은 112개이다.

[그림 9-1] 목성과 갈릴레오 위성

1) 목성의 관찰

1608년 네덜란드에서 안경원의 점원으로 일하던 한스 리퍼시(H. Lippershey)가 망원경을 처음 제작하였다. 그 당시 이 망원경은 오페라 관람용 또는 장난감으로 제작되어 유럽에서 큰 인기를 얻었다. 갈릴레오는 단번에 망원경의 진가를 알아보았고 장난감으로 취급되던 망원경을 개량하여 천체망원경을 만들었다. [그림 9-2]는 1609년 갈릴레오가 제작한 굴절망원경과 이 망원경으로 관측한 달 표면 스케치이다. 이 망원경을 이용하여 그는 은하수가 별 집단임을 알아냈고, 금성이 위상변화를 하며 달 표면이 울퉁불퉁한 곰보 모양임을 알아냈다. 또한 목성이 4개의 갈릴레오 위성을 갖고 있음을 관측하였다.

[그림 9-2] 갈릴레오 굴절망원경

2) 조화의 법칙 이용

케플러의 제3법칙은 태양계 모든 행성의 공전주기(P)와 공전궤도의 반지름(a) 사이에는 일정한 "조화의 법칙($\frac{a^3}{P^2}=$ 일정)"이 성립한다는 것이다. 즉 질량이 m인 위성이 질량이 M인 목성 주위를 공전할 때 만유인력과 원심력은 같으므로 $\frac{GMm}{R^2}=\frac{mv^2}{R}$이 된다($M \gg m$인 경우). 여기에서 $v=\frac{2\pi R}{P}$이므로 이를 대입하면 $P^2=\frac{4\pi^2}{GM}R^3$이 된다. 따라서 목성의 질량은 위상의 공전주기 P와 공전궤도 반경 R을 관측하여 알아내면 $M=\frac{4\pi^2}{G}\frac{R^3}{P^2}$ 식을 이용하여 구할 수 있다.

3) 건판 척도(s)

건판 척도(Plate Scale)란 하늘 1°에 해당하는 상의 크기를 의미한다. 상을 얻고자 하는 물체까지의 거리를 d_o, 대물렌즈에서 초점까지의 거리를 d_f라 하면 일반적으로 $\frac{1}{d_o}+\frac{1}{d_f}=\frac{1}{f}$의 관계가 된다. 그런데 망원경의 경우, $d_o \to \infty$이기에 $d_f=f$가 된다. 따라서 하늘의 물체의 크기를 R이라 하면, 물체의 각크기 $\theta=\frac{R}{d_o}=\frac{S_i}{f}$인 관계가 있다. 여기서 S_i는 초점에 맺혀진 상의 크기이다. 따라서 하늘 1°에 해당하는 상의 크기 s는 $s=\frac{\pi}{180}f=0.01745f$이다. 이를 건판척도라 부른다.

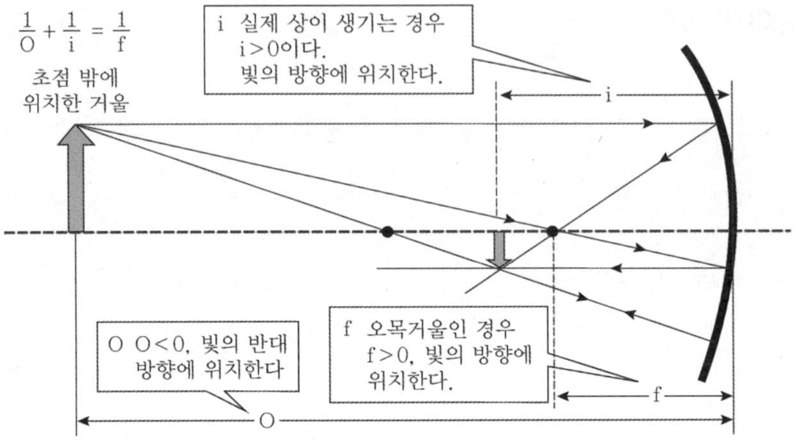

예) F 수가 15이고 지름(D)이 60cm인 거울의 초점거리와 건판척도는?

F 수 $= \dfrac{f}{D}$ 이므로 $f = F$ 수 $\times D = 15 \times 60\text{cm} = 900\text{cm} = 9{,}000\text{mm}$

$s = \dfrac{\pi}{180} f = \dfrac{\pi}{180} \times 9{,}000 = 157.08\,\text{mm}/° = 0.0436\,\text{mm}/''$

이 값은 역으로 22.92″/mm, 즉 사진건판에서 1mm는 22.92″의 각크기를 의미한다.

활동 13 목성의 질량 구하기

천체망원경과 카메라를 이용하여 촬영한 목성과 그 위성의 위치변화 사진으로 목성(Jupiter)의 질량을 구해 보자.

[준비물]

전자계산기, 플라스틱 자(30cm), 컴퓨터(엑셀 프로그램 사용 가능)

[실험과정]

1. 아래 사진은 망원경과 카메라를 이용하여 목성과 4개의 위성 이오(Io), 유로파(Europa), 가니메데(Ganymede), 칼리스토(Callisto)를 촬영한 사진이다. 위성의 위치를 표시하기 위하여 이오는 I, 유로파는 E, 가니메데(G), 칼리스토는 C로 표시하였으며, 표시되지 않은 경우는 목성과의 식 현상에 의해 보이지 않는 경우이다.

5월 2일 20시 40분

C E I G

5월 2일 21시 10분

C E I G

5월 2일 21시 40분

C EI G

5월 2일 21시 51분

C EI G

5월 2일 22시 10분

C IE G

5월 2일 22시 39분

C IE G

5월 2일 23시 19분

C I E G

5월 2일 23시 44분

C I E G

5월 5일 20시 29분

G E C I

5월 5일 20시 43분

G E C I

5월 5일 21시 28분

G E C I

5월 5일 22시 38분

G E C I

5월 5일 23시 22분

G E C I

5월 5일 23시 28분

G E C I

5월 8일 21시 31분

E G C

5월 8일 22시 11분

E G C

5월 8일 23시 03분

E G C

5월 8일 23시 22분

E G C

5월 8일 23시 43분

E G C

5월 9일 19시 49분

E G C

5월 9일 20시 18분

E G C

5월 9일 21시 54분

E I G C

5월 9일 21시 59분
E I G C

5월 9일 22시 32분
E I G

5월 9일 22시 36분
E I G

5월 9일 22시 48분
E I G

5월 9일 22시 57분
E I G

5월 11일 19시 51분
G I E C

5월 11일 20시 00분
G I E C

5월 11일 20시 20분
G I E C

5월 11일 20시 51분
G I E C

5월 11일 21시 03분
G I E C

5월 11일 21시 47분
G I E C

5월 11일 22시 00분
G I E C

5월 11일 22시 10분
G I E C

5월 11일 22시 19분
G I E C

5월 11일 22시 30분
G I E C

5월 11일 22시 57분
G I E C

5월 11일 23시 04분

G I E C

5월 26일 20시 12분

G E I C

5월 26일 20시 36분

G E I C

5월 26일 21시 01분

G E I C

5월 26일 21시 38분

G E I C

5월 26일 22시 00분

G E I C

5월 26일 22시 27분

G E I C

5월 26일 22시 55분

G E I C

5월 26일 23시 00분

G E I C

5월 27일 20시 05분

G I E C

5월 27일 20시 27분

G I E C

5월 27일 20시 54분

G I E C

5월 27일 21시 07분

G I E C

5월 27일 21시 55분

G I E C

5월 27일 22시 12분

G I E C

5월 31일 20시 10분

I E G

5월 31일 20시 32분
I E G

5월 31일 21시 16분
I E G

5월 31일 21시 39분
C E G

5월 31일 21시 55분
C E G

5월 31일 22시 15분
C E G

5월 31일 22시 39분
C E G

6월 2일 20시 03분
C G E I

6월 2일 20시 24분
C G E I

6월 2일 20시 41분
C G E I

6월 2일 21시 01분
C G E I

2. 사진에 표시되어 있는 날짜와 시간을 5월 2일 0시 0분을 기준으로 1시간 단위로 표시하자.
예) 5월 2일 21시 40분 ⇒ 21시+40분(0.66시)=21.66시

3. 사진에서 위성의 중심과 목성의 중심 사이의 길이를 가능한 한 정확하게 측정하여 그 결과를 표에 기입한다.
(단 목성을 중심으로 위성이 왼쪽에 있으면 + 값으로, 오른쪽은 - 값으로 설정한다.)

날짜 (월/일/시/분)	시간(H)	이오(mm)	유로파(mm)	가니메데(mm)	칼리스토(mm)
5.02.00:00	0				
5.02.20:40					
5.02.21:10					
5.02.21:40					
5.02.21:51					
5.02.22:10					
5.02.22:39					
5.02.23:19					
5.02.23:44					
5.05.20:29					
5.05.20:43					
5.05.21:28					
5.05.22:38					
5.05.23:22					
5.05.23:28					
5.08.21:31					
5.08.22:11					
5.08.23:03					
5.08.23:22					
5.08.23:43					
5.09.19:49					
5.09.20:18					
5.09.21:54					
5.09.21:59					
5.09.22:32					
5.09.22:36					
5.09.22:48					
5.09.22:57					
5.11.19:51					

날짜 (월/일/시/분)	시간(H)	이오(mm)	유로파(mm)	가니메데(mm)	칼리스토(mm)
5.11.20:00					
5.11.20:20					
5.11.20:51					
5.11.21:03					
5.11.21:47					
5.11.22:00					
5.11.22:10					
5.11.22:19					
5.11.22:30					
5.11.22:57					
5.11.23:04					
5.26.20:12					
5.26.20:36					
5.26.21:01					
5.26.21:38					
5.26.22:00					
5.26.22:27					
5.26.22:55					
5.26.23:00					
5.27.20:05					
5.27.20:27					
5.27.20:54					
5.27.21:07					
5.27.21:55					
5.27.22:12					
5.27.22:29					
5.31.20:10					
5.31.20:32					
5.31.21:16					

날짜 (월/일/시/분)	시간(H)	이오(mm)	유로파(mm)	가니메데(mm)	칼리스토(mm)
5.31.21:39					
5.31.21:55					
5.31.22:15					
5.31.22:39					
6.02.20:03					
6.02.20:24					
6.02.20:41					
6.02.21:01					

4. 주기를 결정하기 위하여 관측시간을 위상으로 바꿔보자.

   위상=시간/주기-진행된 주기=mod(시간, 주기)

5. 각 위성에 대하여 위상을 X축으로, 길이를 Y축으로 설정하여 엑셀을 이용하여 그래프를 그려보자.

6. 그래프를 이용하여 위성의 주기를 구해 보자.

	이오	유로파	가니메데	칼리스토
주기P(Hour)				

7. 그래프를 이용하여 위성 궤도의 긴반지름을 구해 보자.

	이오	유로파	가니메데	칼리스토
긴반지름(mm)				

8. 위성의 긴반지름(mm)을 각거리(″)로 변환하자.
(단 사진에서 1mm당 각거리는 3.634″이다.)

	이오	유로파	가니메데	칼리스토
긴반지름 각거리(″)				

9. 각거리로 표현된 거리를 아래 식을 이용하여 km 단위로 변환해 보자.
$D = 4.85 \times 10^{-6} \times d\ \theta('')$ f : 지구와 목성 사이의 거리, θ : 각거리(″)
(단, 관측 기간 동안 지구에서 목성까지의 거리는
$d = 5.248AU = 7.87 \times 10^{8}$km 이었다.)

	이오	유로파	가니메데	칼리스토
긴반지름(km)				

10. 케플러 제3법칙을 이용하여 각 위성에 대한 목성의 질량을 구해 보자.
$M = \frac{4\pi^2}{G}\frac{a^3}{P^2}$ (a : 긴반지름, P : 주기, $G = 6.67 \times 10^{-11} \mathrm{N \cdot m^2 kg^{-2}}$)

	이오	유로파	가니메데	칼리스토
목성의 질량(kg)				

11. 4개 위성의 평균값을 구해보고, 실제 목성의 질량인 1.9×10^{27}kg과 비교하여 보자.

	이오	유로파	가니메데	칼리스토	평균	오차
목성의 질량(kg)						

10 태양의 광도 측정하기

1) 양초 광도계를 이용하는 방법

양초 광도계는 [그림 10-1]과 같이 만든다. 즉 양초 덩어리 사이에 알루미늄 호일을 넣어 두 양초 덩어리 사이로 빛을 통과하지 못하게 한다. 그리고 알루미늄 호일을 넣은 양초 덩어리를 검은 종이로 싼다. 그리고 바깥 검은 종이에 각 양초 덩어리 부분에 칼로 창문을 내어 양초 광도계를 만든다. 이 광도계를 한쪽은 태양으로 향하고, 다른 한쪽은 100W 전구를 향하게 하여 두 창문의 밝기를 눈으로 짐작하여 같게 한 다음 [그림 10-1]의 거리 r을 측정한다. 양초 광도계의 두 창의 밝기가 같다는 의미는

$$(1-A)\frac{L_{\odot}}{4\pi d^2}=\frac{100\ W}{4\pi r^2}=(1-A)F$$

인 관계가 있다. 여기서 $L_{\odot}$은 태양의 광도를, d는 태양과 지구 사이의 거리로 대략 1.5×10^8km이다. 또한 A는 지구 대기의 반사율로 대략 0.35이다. 그리고 $(1-A)F$는 지표면이 태양빛을 수직으로 받을 때의 단위면적당, 단위시간당 플럭스이다. 이 값을 우리는 태양 상수라 부른다.

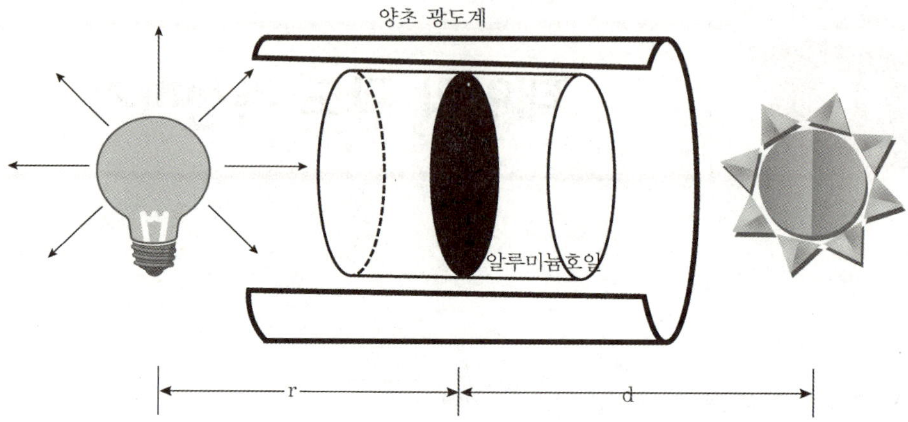

[그림 10-1] **양초 광도계**

이 실험을 통하여 r값을 측정해 보면, 일반적으로 9.3cm 정도가 된다. 따라서 지표에서의 태양 상수 값은 $920\,W/m^2 = 1.31\,cal/cm^2$ 분 이기에 $F = 1{,}415\,W/m^2 = 2cal/cm^2$분이 된다. 이제 이 값을 위 식에 대입하면 $L_\odot = 4\times10^{26}\,W$를 얻게 된다. 이 값이 태양의 광도이다.

2) 구리통 광도계를 이용하는 방법

태양의 광도를 측정하기 위해 [그림 10-2]와 같은 구리통 광도계를 이용하기도 한다. 구리통 광도계 안에는 물로 차 있고 물의 비열(1 cal/g)을 알고 있기에 이 구리통 광도계가 태양을 수직으로 받을 때, 시간이 지나면서 온도계를 통하여 물의 온도가 증가함을 측정하여 태양의 광도를 어림한다. 구리통의 질량이 담긴 물의 질량보다도 크더라도 구리의 비열(대략 0.09 cal/g)이 물보다 아주 작기에 일반적으로 무시하나 구리통과 물 사이에 거의 순간적으로 열평형이 일어나기에 구리통과 물의 온도는 거의 같다. 따라서 구리통이 얻는 에너지는 물이 얻는 에너지의 $\alpha(0<\alpha<1)$배가 된다.

실험에 사용한 구리통 안의 물의 부피는 $164cm^3$이고, 태양빛에 의하여 구리통의 온도가 표와 같이 10분 사이에 25℃에서 32℃로 증가하였다면 구리통과 구리통 안의 물이 얻은 에너지는

$$
\begin{aligned}
&1\text{cal/g}\times(\text{물의 부피})\times(\text{물의 밀도})\times(\text{온도 증가량})\times(\text{구리통 보정})\\
&= 1\times164\times1\times(32-25)\times(1+\alpha)\\
&= 1148(1+\alpha)\,\text{cal}
\end{aligned}
$$

이다. 그런데 태양빛을 받는 구리통 표면의 넓이는 100cm^2이기에 태양으로부터 받은 에너지는

$$
\begin{aligned}
&(1-A)\times F\times(\text{태양 빛을 받는 면적})\times(\text{측정시간})\\
&= (1-A)\times 2\text{cal/cm}^2\text{분}\times100\ \text{cm}^2\times10\text{분}\\
&= 2000(1-A)\ \text{cal}
\end{aligned}
$$

이다. 여기서 $1-A$는 지구 대기와 구리통 모두를 고려한 태양 빛 흡수율이다.

위의 두 식은 결국 그 값이 같기에 $1148(1+\alpha)=2000(1-A)$가 된다. 만약 구리통의 질량이 물의 질량과 비슷하다면 $\alpha=0.1476$이기에 $A=0.34$가 된다. 즉 이 값은 지구 대기의 반사율(Albedo)의 값과 거의 같다. 구리통의 반사율은 표면을 검게 칠하였기에 거의 0으로 어림할 수 있다.

시간(분)	0	2	4	6	8	10
표면을 검게 칠한 구리통의 온도(℃)	25.0	26.5	27.9	29.3	30.6	32.0

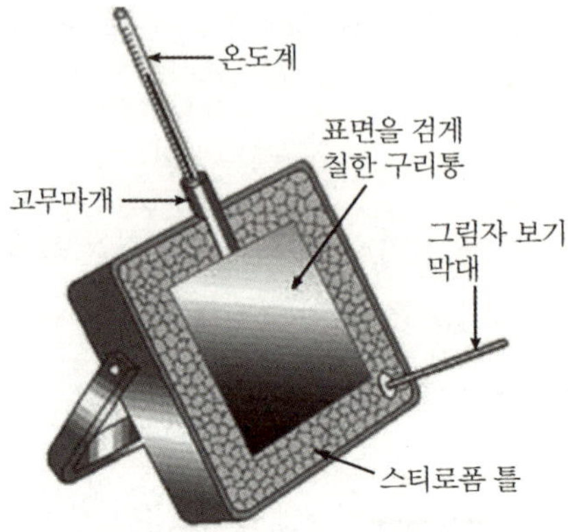

[태양 복사 에너지의 측정 실험]

[그림 10-2] 구리통 광도계

이 식은 이미 $F=2\text{cal/cm}^2$ 분을 사용하였기에 지구-태양 사이의 거리를 이용하여 태양의 광도를 계산하게 된다. 위의 식에서도 지구의 반사율 A값을 이미 안다고 전제하여야 F의 값을 계산할 수가 있다.

3) 두 실험의 차이

양초 광도계를 이용한 방법에서는 지구 대기의 반사율, 지구-태양 사이의 거리만 알면 태양의 광도를 구할 수 있었다. 그러나 구리통 광도계를 이용하는 방법에서는 물과 구리의 비열, 지구 대기의 반사율, 지구-태양 사이의 거리를 알아야 한다. 따라서 태양의 광도를 측정하는 실험에서 양초 광도계 방법이 좀 더 간단해 보인다.

양초 광도계에서는 광도계의 창의 밝기를 눈으로 비교하면서 100 W전구와 광도계 사이의 거리 r을 측정하면 된다. 그러나 구리통 광도계에서는 물의 부피, 구리통의 질량, 물의 온도, 시간을 측정하게 된다. 일반적으로 가정하는 것의 수와 측정하는 것들의 수가 많을수록 최종으로 얻는 물리량의 오차가 커질 수밖에 없다.

4) 태양 관측

태양을 관측할 때에는 [그림 10-3]과 같이 태양 빛을 많이 소광하는 태양 안경을 끼고 관측하여야 눈이 상하지 않는다. 이 안경을 끼고 태양을 관측해 보면 태양이 얼마나 작은지 느낌이 온다.

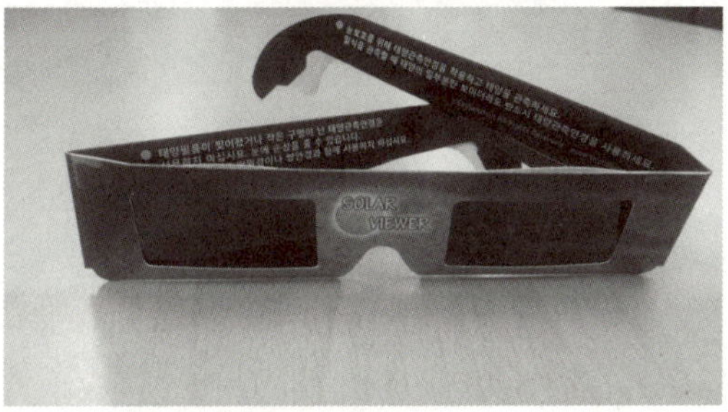

[그림 10-3] 태양 안경

부록 1 태양크기(SOHO) 자료

사진 출처: http://sohowww.nascom.nasa.gov

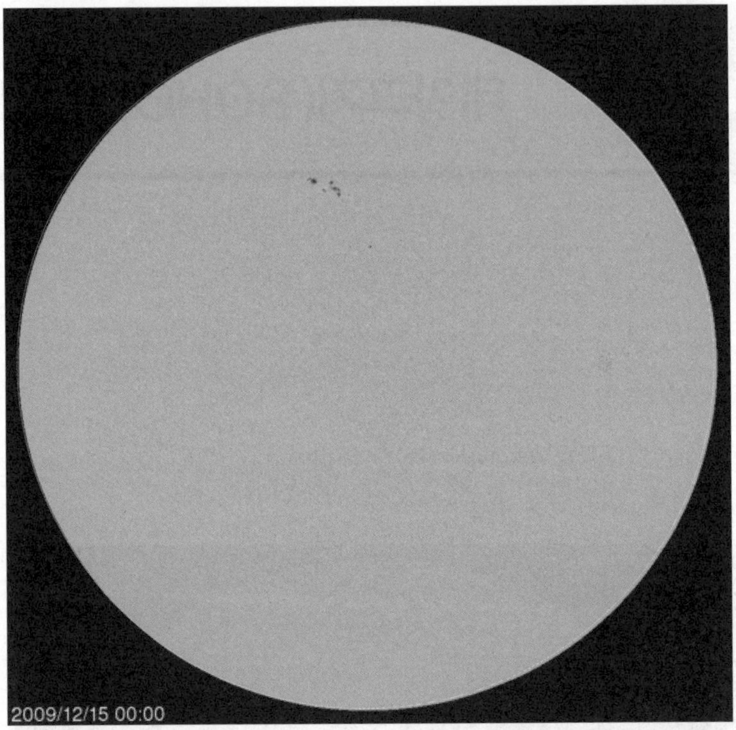
2009/12/15 00:00

2010/01/01 16:00

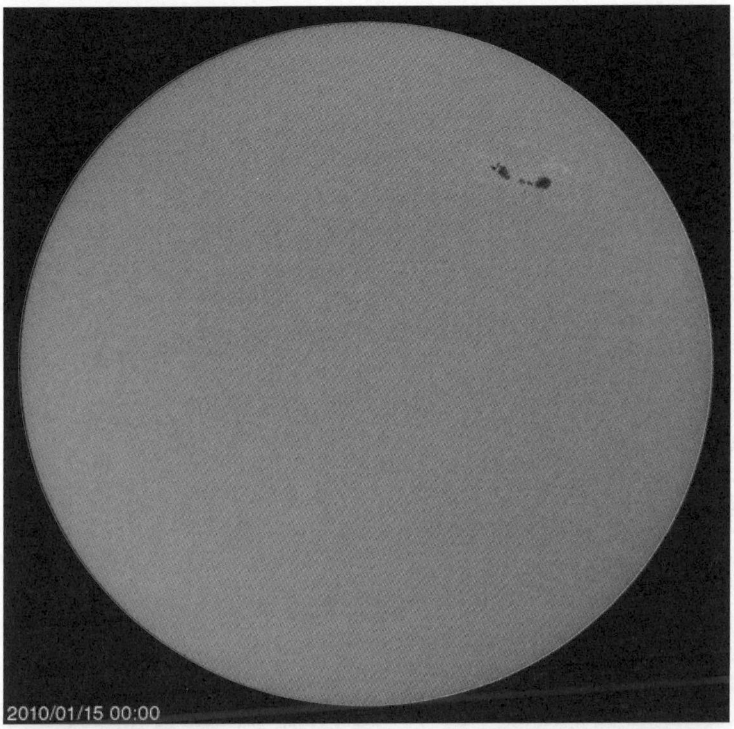
2010/01/15 00:00

2010/02/01 08:22

2010/02/15 03:12

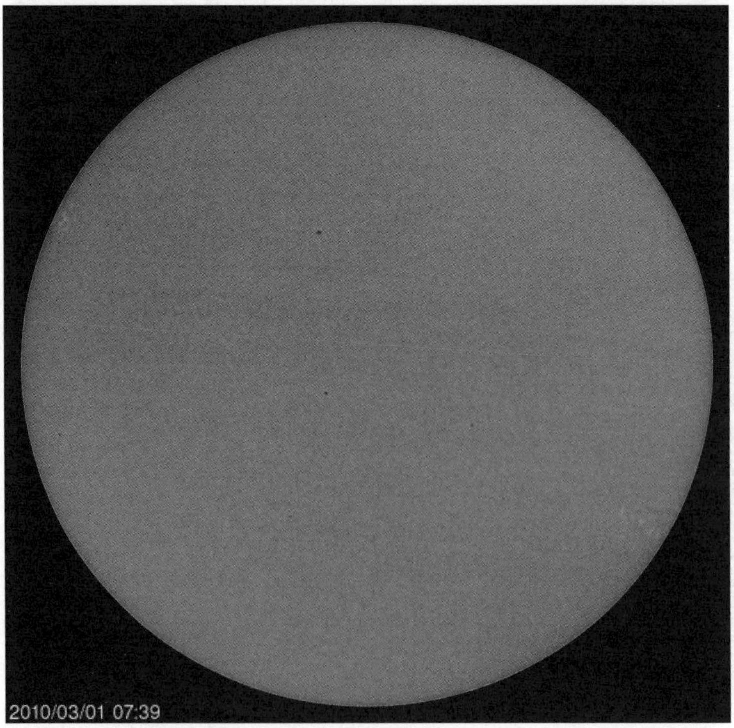
2010/03/01 07:39

2010/03/15 00:54

2010/04/01 08:41

2010/04/15 09:03

2010/05/01 09:29

2010/05/15 00:00

2010/06/01 08:16

2010/06/16 00:00

2010/07/01 08:00

2010/07/15 00:59

2010/08/01 01:31

2010/08/15 06:47

2010/09/01 09:07

2010/09/15 05:23

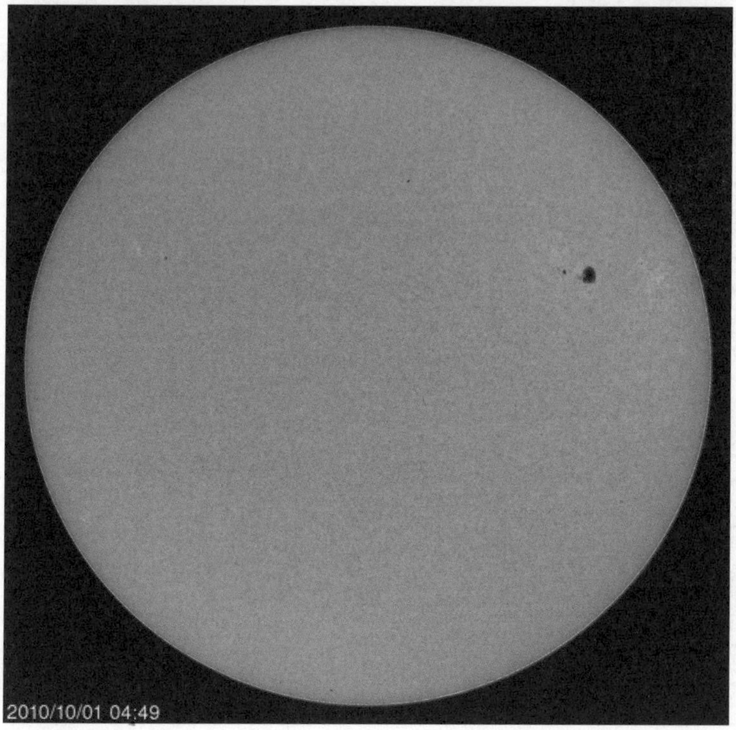
2010/10/01 04:49

2010/10/15 09:16

2010/11/01 04:17

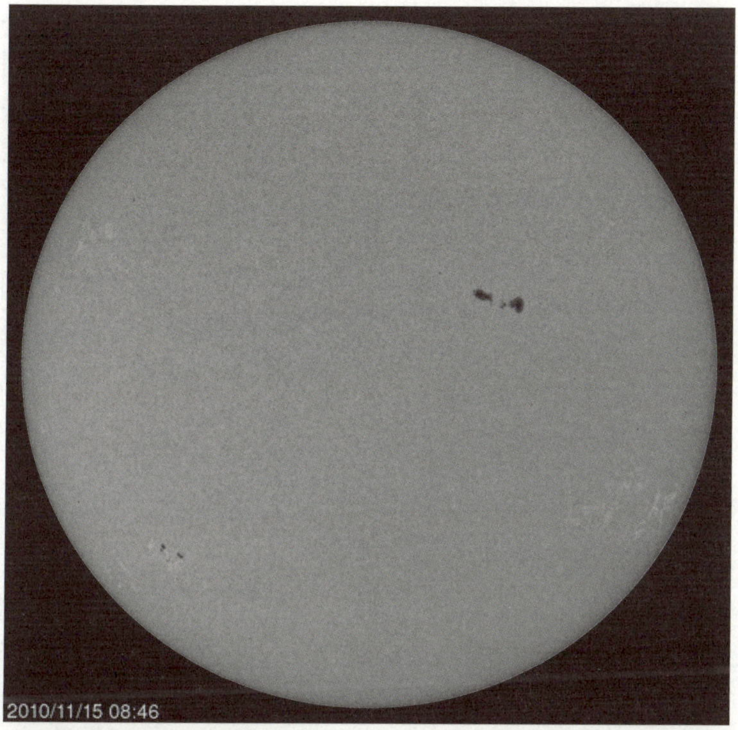
2010/11/15 08:46

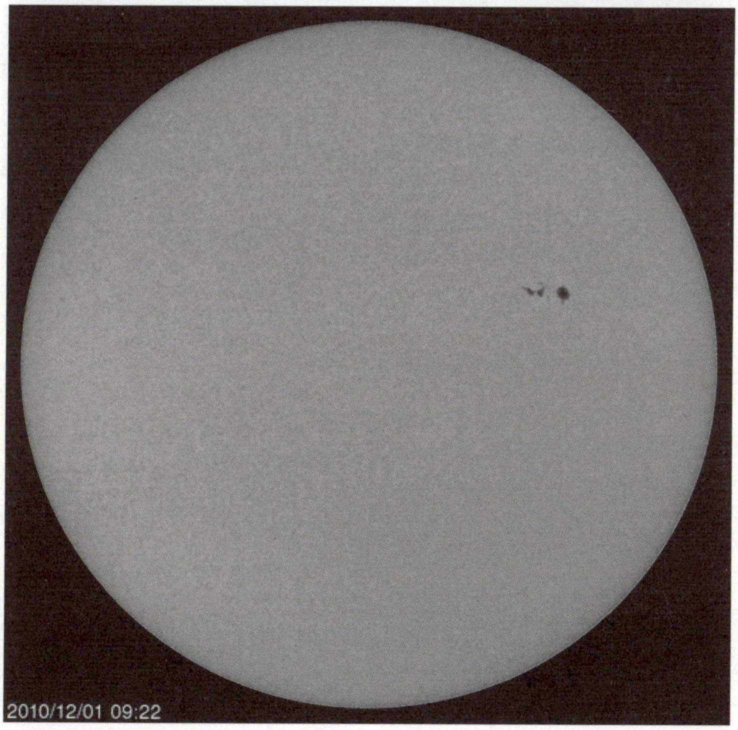
2010/12/01 09:22

2010/12/15 08:27

2010/12/31 09:15

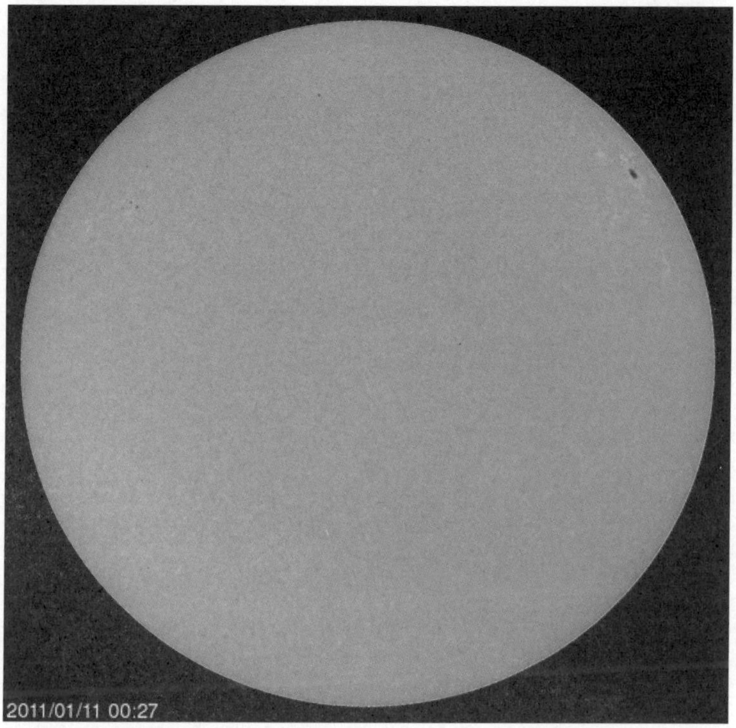
2011/01/11 00:27

부록 2 천체망원경 설치 및 극축 맞추기

천체 망원경을 이용하여 천체를 관측하고자 하는 경우 먼저 망원경의 설치가 우선 실시되어야 한다. 망원경 설치는 가장 기초적인 과정이나 정확한 관측을 위해서는 많은 관심과 노력을 기울여야 할 과정이다. Pentax 105mm 경통과 Takahashi 사의 EM-200 적도의를 이용하여 망원경을 설치하는 과정은 다음과 같다.

① 평평한 곳에 마운트의 삼각대를 설치한다.

② 일반적으로 삼각대에 N이라고 표시된 부분이나, 볼록 튀어나온 삼각대의 다리가 대략 북쪽을 향하도록 한다.

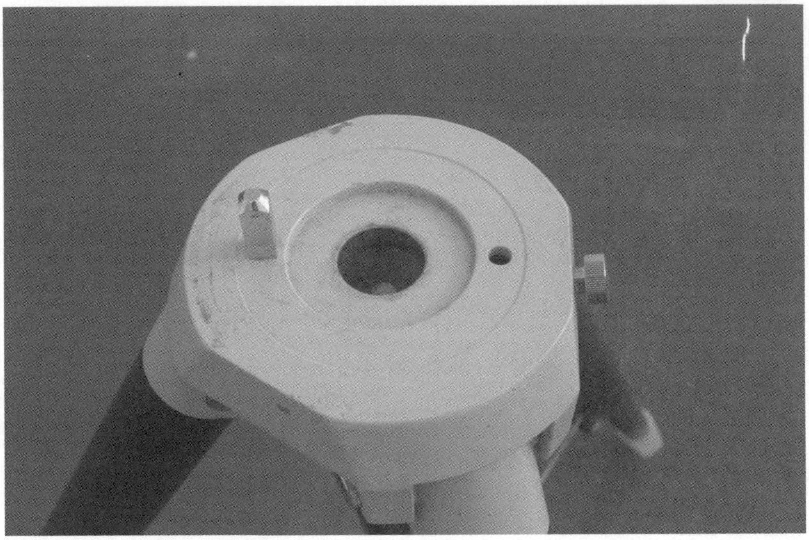

③ 삼각대에 적도의를 연결하여 고정시킨다.

④ 경통의 무게를 분산시키는 추봉과 추를 적도의 아래쪽에 설치한다.

⑤ 적도의 상부에는 경통을 고정시키는 경통 밴드를 고정시킨다.

⑥ 경통 밴드에 경통을 얹은 후 고정시킨다.

⑦ 파인더를 연결한다.

⑧ 적경, 적위 클램프를 고정시키지 않은 상태에서 경통을 수평으로 놓고 추의 위치를 적당히 조절하여 경통과 추가 균형을 이루도록 한다.

⑨ 컨트롤 패드와 전원장치를 연결한다.

⑩ 극축 망원경을 이용하여 극축을 맞춘다.

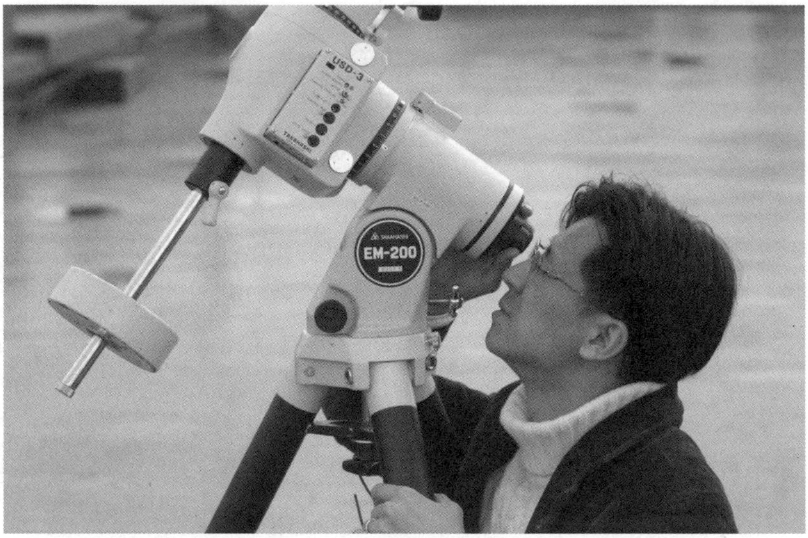

※ Takahashi EM-200 가대 극축 맞추는 방법

EM-200 가대의 극축망원경을 통하여 관찰하면 아래와 같은 눈금이 새겨져 있는 것을 확인할 수 있다. 북극성은 날짜와 시간에 따라 일주운동을 하므로 정확한 북쪽을 알기 위해서는 날짜와 시간에 따른 북극성의 위치를 결정하여야 한다. 먼저 다음 그림과 같이 시각 지시환과 날짜 지시환, 북극성 지시기를 확인하도록 한다.

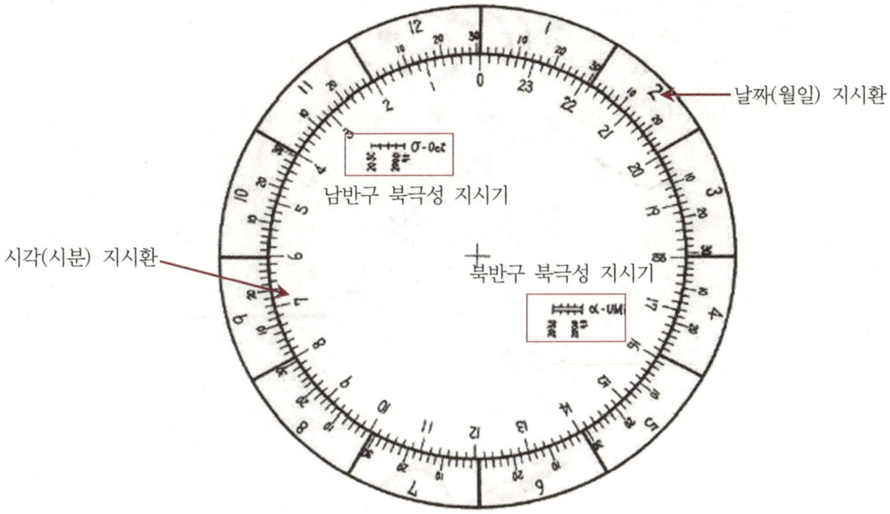

예를 들어 수원(위도 N37, 경도 E127)에서 2001년 5월 14일 20:00에 천체 관측을 하기 위하여 극축을 맞추는 경우를 가정하자.

첫째, 우리나라의 경우 시간대가 도쿄(E 135°)를 기준으로 설정되어 있기 때문에 이를 보정해야 한다. 극축망원경의 테두리에 경도차를 보정할 수 있는 Offset Scale을 수원의 경도인 127에 위치시킨다.

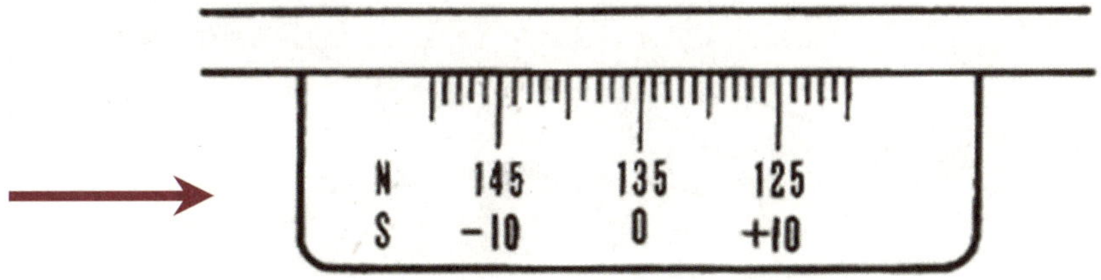

둘째, 극축망원경에서 눈금을 확인할 수 있도록 illuminator를 켠 상태에서 날짜 지시환을 돌려 20시와 5월 14일을 아래와 같이 일치시킨다.

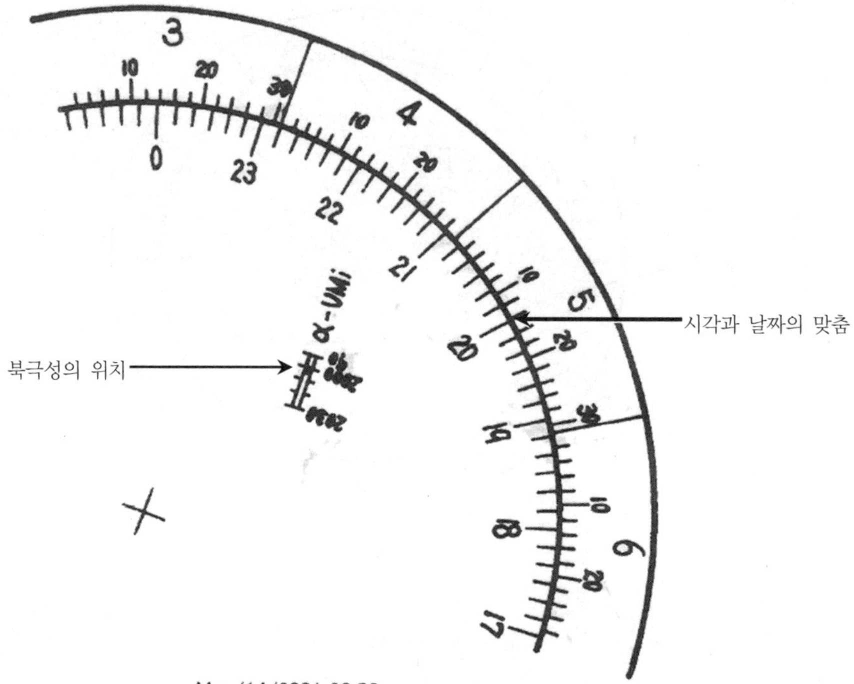

May/14/2001 20:00

셋째, 방위각 조절기와 위도 조절기를 이용하여 북반구 북극성 지시기에서 2001년에 해당하는 곳에 북극성을 위치시킨다.

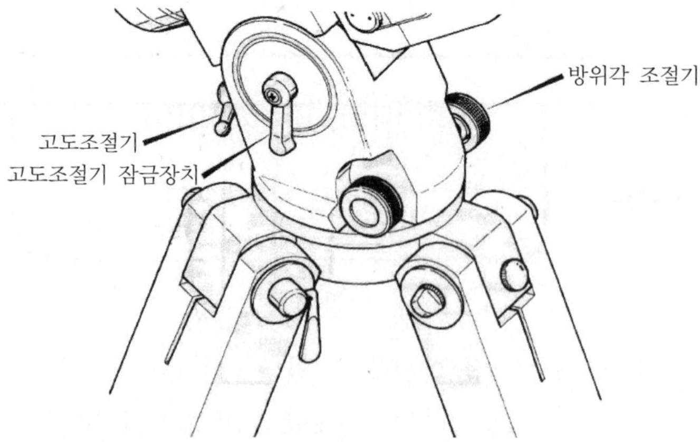

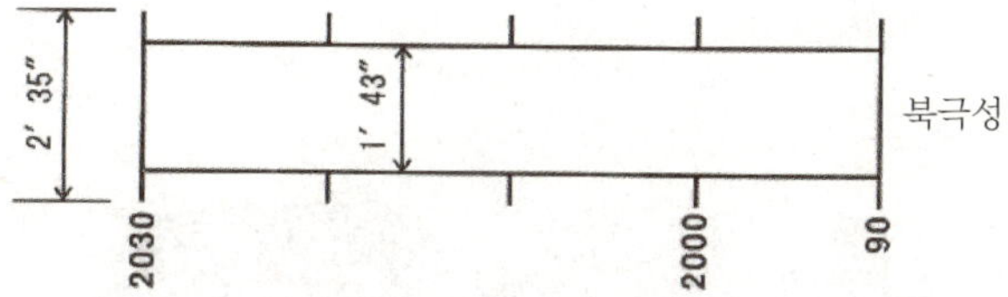

북극성 위치 지시기

⑪ 파인더 정렬을 한다. 먼저 망원경의 중심을 멀리 있는 아파트 옥상의 피뢰침에 위치시킨 후, 적경과 적위 클램프로 고정시킨 후 파인더의 십자선 중앙선을 동일한 피뢰침에 위치시킨다. 파인더로 들여다보면 십자선이 보이는데 십자선의 중앙에 주망원경에서 맞춘 사물이 오도록 파인더를 조절한다.

파인더로 본 모습

주망원경으로 본 모습

파인더 정렬을 처음에 실시할 때에는 다소 어려울 수 있으므로 시간을 두어 여러 번 연습하여 숙달시킨다.

⑫ 이제 망원경 조립이 완료되었다. 파인더를 이용하여 관찰하고자 하는 천체를 중심에 위치하도록 한 후, 망원경을 이용하여 관찰을 한다.

활동 14 DSLR 사용방법

[실험목적]

캐논 EOS 10D는 일반적인 사진촬영에 매우 뛰어난 성능을 보여 아마추어 천문가 사이에서 천체사진 촬영용으로 높이 평가되는 DSLR(Digital Single Lens Reflex)이다.

캐논 EOS 10D는 성능이 뛰어날 뿐 아니라 Maxim DSLR 프로그램을 이용하여 컨트롤할 수 있어 천문 관측 시 사용이 매우 편리하다.

1. 겉모습

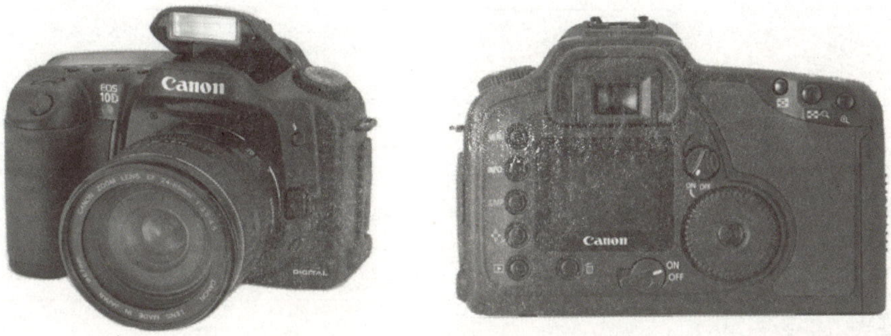

[그림 1] 캐논 EOS 10D

2. 카메라 기본 사양

CCD 크기	22.7mm×15.1mm
Pixel Size	7.37×7.37μm
유효화소수	약 630만 화소(3088×2056) (총 화소수: 약 650만 화소(3152×2068)) 고감도, 고해상도, 싱글 플레이트 CMOS센서
기록화소수	Large/Fine: 3072×2048, Large/Normal: 3072×2048, Medium/Fine: 2048×1360, Medium/Normal: 2048×1360, Small/Fine: 1536×1024, RAW: 3072×2048

렌즈	캐논 EF 렌즈(유효촬영 화각은 렌즈표시 초점거리의 약 1.6배 상당)
AF방식	7포인트 영역 AF
셔터	전자제어식 포컬 플레인(focal-plane) 메카니컬 셔터
셔터스피드	1/4000~30초(1/2, 1/3단 스텝), 벌브
감도	간단촬영 zone(auto), 응용촬영 zone(ISO 100/200/400/800/1600, 3200까지 가능)
측광방식	35분할 SPC 사용 TTL 개방 측광 (1) 평가측광(모든 AF 프레임에서 연동) (2) 중앙부 부분 측광(파인더 화면의 약 9%) (3) 중앙부 중점 평균측광
노출제어방식	프로그램 AE(전자동, 인물, 풍경, 클로즈업, 스포츠, 야경 인물, 플래시 발광금지, 프로그램), 셔터우선 AE, 조리개 우선 AE, 자동심도 우선 AE, 수동노출, E-TTL 자동조광 프로그램 플래시 AE
노출보정	AEB(1/2.1/3단 스텝, +/- 2단 표준노출→마이너스 보정→플러스 보정 순으로 촬영), 수동(1/2.1/3단 스텝, +/- 2단 AEB 병용 가능)
화이트밸런스	오토, 태양광, 응달, 구름, 전구, 형광등, 플래시, 수동, 색온도 이미지센서를 이용한 자동화이트밸런스
내장플래시	E-TTL 자동조광 자동팝업 플래시
외부플래시단자	Speedlites EX 시리즈 대응(E-TTL 자동조광)
플래시조광보정	1/2, 1/3단 스텝 +/-2단
촬영모드	연속촬영모드: 최대 약 3매/초(one shot AF, 1/250초 이상)
셀프타이머	10초 후 촬영
PC접속촬영	가능(소프트웨어[RemoteCapture])로 작동
연속촬영	최대 약 3매/초(one shot AF, 1/250초 이상)- 최대촬영매수
광학파인더	펜타프리즘을 사용한 아이레벨식
기록매체	CF카드(타입 I, II)
이미지파일형식	JPEG, RAW
이미지저장형식	JPEG, RAW(12-bit)
재생모드	1매, 1매(촬영정보 표시), 확대, 9 이미지 인덱스, 자동실행, 이미지 회전
다이렉트프린트	JPEG 형식의 이미지를 카메라를 조작하여 direct print 대응 프린터로 출력(DPOF 지정 direct printer도 가능)
인터페이스	USB(전용 케이블)

전원	배터리 팩 BP-511/BP-512(리튬이온전지) 1개 사용, AC 어댑터 kit ACK-E2 (별매) 사용가능
크기(돌출부 제외)	149.7×107.5×75.0mm
무게(body만)	790g

3. 카메라 각 부의 명칭

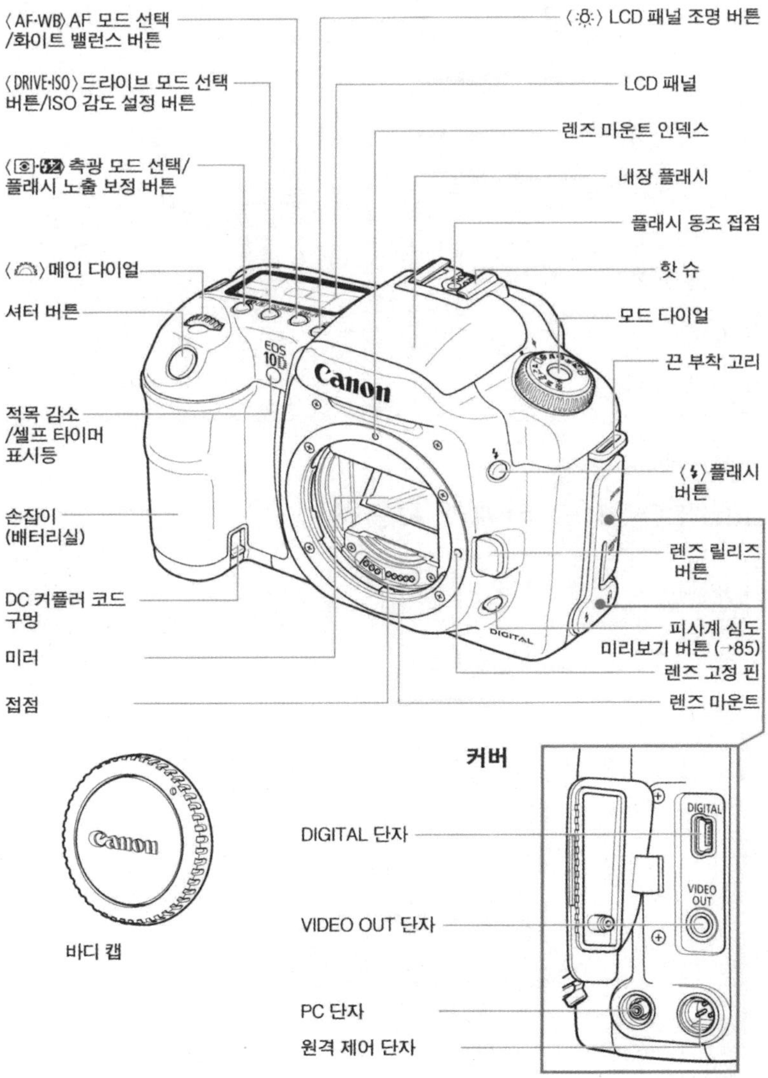

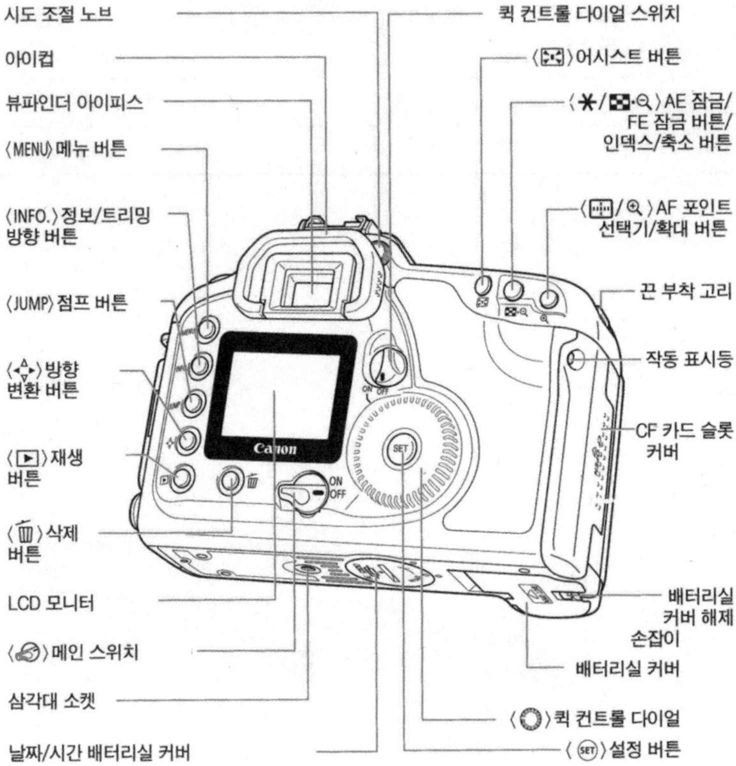

4. Canon EOS 10D 카메라 사용법

가. 모드 다이얼

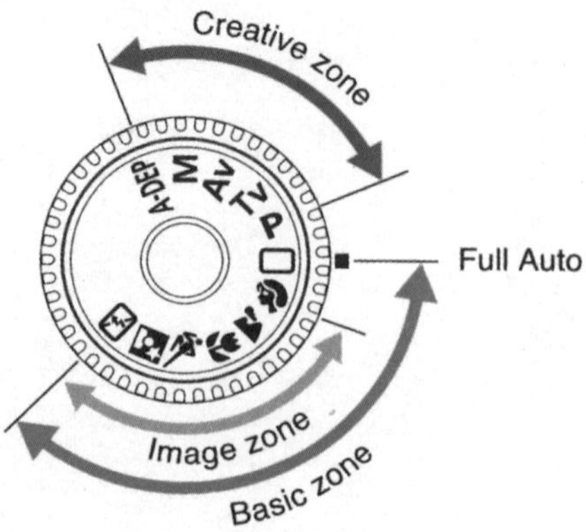

① Basic zone

▢ : Full Auto 카메라가 모든 설정을 하고 완전 자동으로 사진 촬영

② Image zone

: 인물　　　: 풍경

: 접사　　　: 스포츠

: 야간 인물

: 플래시 off

③ Creative zone

P : Program 우선,　Tv : 셔터 우선,　Av : 조리개 우선

M : 수동 모드,　A-DEP : 자동 피사계 심도

나. 이미지 기록 화질 설정

① 메뉴에서 [Quality]를 선택한다.

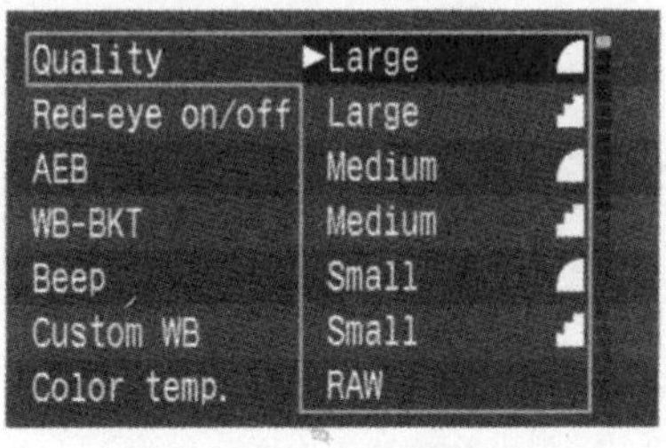

② 이미지 기록 화질을 다이얼을 이용하여 선택한다.

③ 선택이 완료되면 [set] 버튼을 누르고 [Menu] 버튼을 눌러 메뉴화면에서 나간다.

이미지 기록 품질에 따른 이미지 파일 크기와 CF 카드 용량은 다음과 같다.

이미지 기록 화질		이미지 사이즈 (픽셀)	포맷	압축률	이미지 파일 사이즈 (약)	최대 용량 (약)
L Large/Fine		3072 x 2048 (약 630 만)	JPEG	Low	2.4 MB	50 매
L Large/Normal				High	1.2 MB	103 매
M Medium/Fine		2048 x 1360 (약 280 만)		Low	1.3 MB	95 매
M Medium/Normal				High	0.7 MB	184 매
S Small/Fine		1536 x 1024 (약 160 만)		Low	0.8 MB	145 매
S Small/Normal				High	0.4 MB	282 매
RAW RAW	+ S (Normal)	RAW : 3072 x 2048 (약 630 만)	RAW + JPEG	RAW : 손실 없는 압축 RAW	6.0 MB	19 매
	+ S (Fine)				6.4 MB	18 매
	+ M (Normal)				6.2 MB	18 매
	+ M (Fine)				6.8 MB	16 매
	+ L (Normal)				6.7 MB	17 매
	+ L (Fine)				8.0 MB	14 매

다. ISO 감도 설정

ISO 감도는 빛의 감응력에 대한 수치적인 표시이다. 높은 ISO 감도 수치는 더 높은 빛의 감응력을 의미한다. 그렇기 때문에 높은 ISO 감도는 빠르게 움직이는 피사체나 어두운 천체를 촬영할 때 적합하다. 그러나 이미지는 노이즈가 더 발생하여 입자가 거칠게 보이게 된다. 바꾸어 말해 낮은 ISO 감도는 이미지를 더욱 섬세하고 깨끗하게 보이게 하지만 동작을 정지 상태로 만드는 촬영이나 낮은 조명에서의 촬영에는 적합하지 않다.

Canon EOS 10D의 ISO 감도는 100, 200. 400, 800, 1600으로 설정할 수 있다. 만일 메뉴의 [ISO expansion]이 [On]으로 설정된 경우 H(ISO 3200)을 설정할 수도 있다. ISO 감도를 설정하는 방법은 아래와 같다.

① 모드 다이얼을 Creative zone의 수동모드(M)로 바꾼다.

② [Drive·ISO] 버튼을 눌러 ISO를 확인한다.

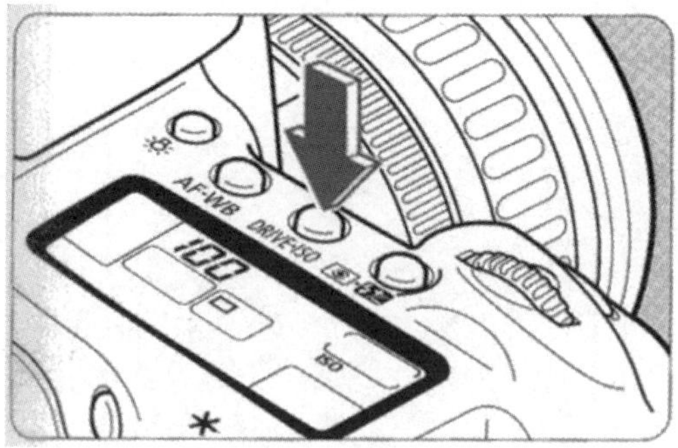

③ LCD 패널을 보면서 다이얼을 돌려 원하는 ISO 감도를 설정한다.

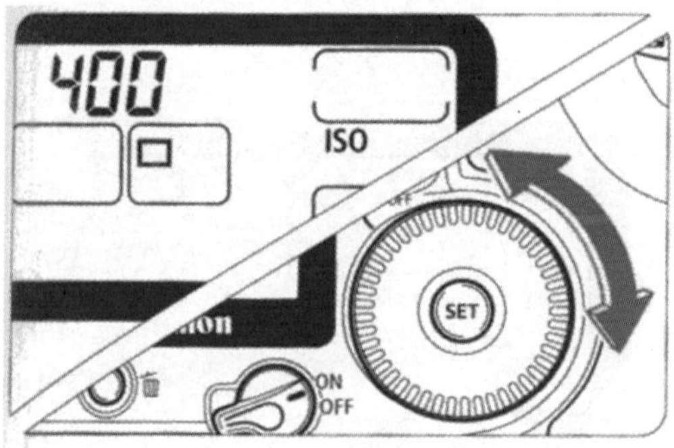

④ 촬영으로 돌아가려면 셔터 버튼을 반 누른다.

라. 수동 노출

천체사진과 같이 어두운 천체를 촬영하기 위해서는 모드 다이얼에서 수동 노출 모드(M)로 설정하는 것이 좋다. 이 모드에서는 전체적인 노출 조정을 위해서 셔터 스피드나 조리개 값 모두 수동으로 설정해야 한다.

① 모드 다이얼을 수동모드[M]으로 설정한다.

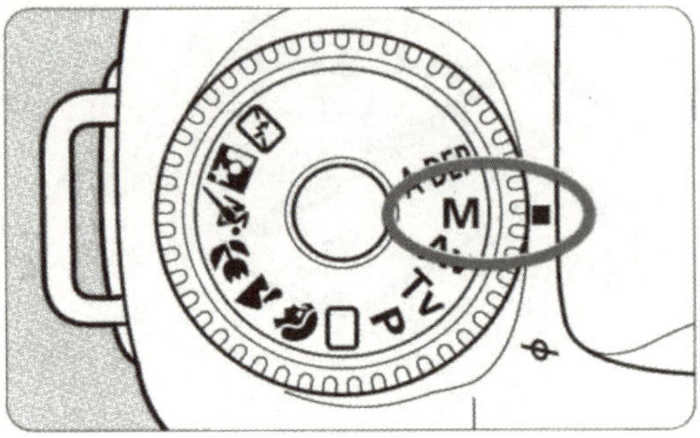

② 다이얼을 돌려 원하는 셔터 스피드를 설정한다.

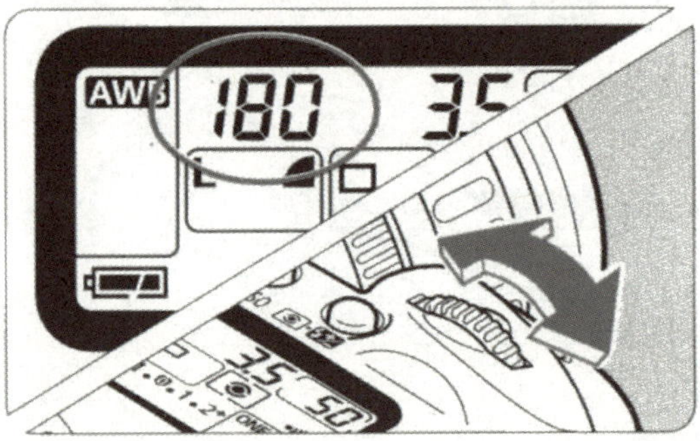

③ 〈 〉스위치를 [ON]으로 설정한 다음 다이얼을 돌려 원하는 조리개 값을 설정한다.

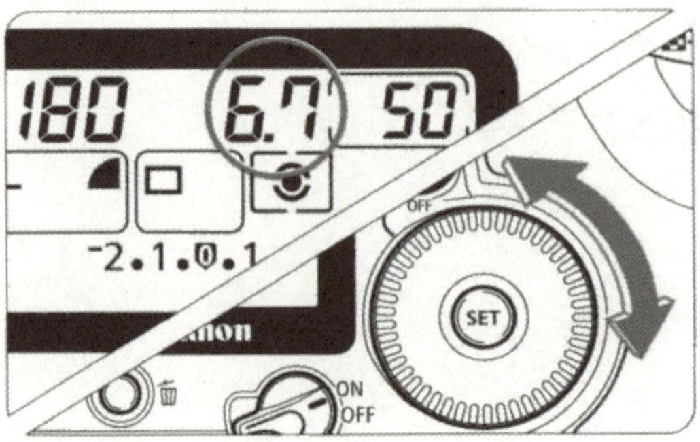

마. 벌브(Bulb) 노출

벌브가 설정되면 셔터 버튼을 완전히 누르고 있는 시간 동안 셔터가 계속 개방된다. 벌브 노출은 일주운동과 같이 장시간 노출이 요구되는 경우에 유용하게 사용된다.

① 모드 다이얼을 [M]으로 설정한다.

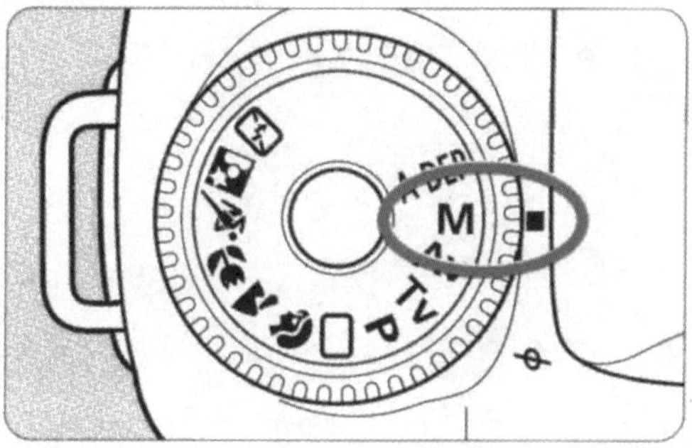

② LCD 패널을 보면서 다이얼을 돌려 'bulb'로 선택한다. '30' 다음이 'bulb'이다.

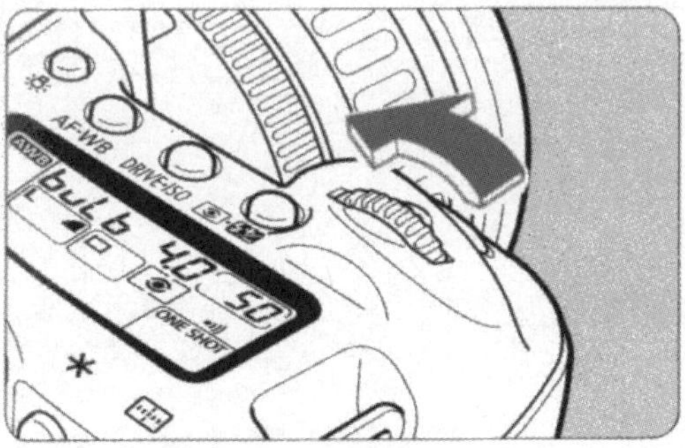

③ 전자 릴리즈를 카메라에 연결한다.

④ 30초 이상의 노출시간이 필요한 경우 전자 릴리즈의 버튼을 누른 상태에서 버튼 옆 사각형을 앞으로 밀면 지속적으로 조리개가 노출된 상태가 된다.

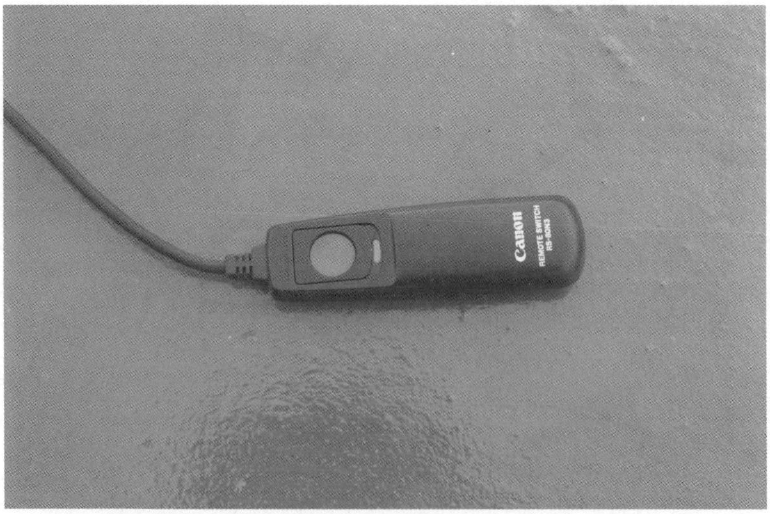

⑤ 노출이 완료되면 사각형을 뒤로 하여 원위치시키면 셔터가 닫히게 된다.

활동 15 고정 촬영법

[실험목적]

삼각대와 DSLR카메라를 이용하여 고정촬영법으로 사진을 촬영할 수 있다.

[이론적 배경]

1. 점상 촬영법

천체사진 촬영에서 가장 기본이 되는 점상촬영법은 아주 간단히 별자리를 담을 수 있는 방법이다. 우선 카메라를 삼각대에 고정하고, 찍고 싶은 별자리 등을 찾아서 구도를 잡는다. 그리고 15초 정도 노출 시간을 준다. 물론 ISO는 400 이상으로 고감도인 것이 좋다.

하늘의 별들은 북극성을 중심으로 하루에 한 바퀴씩 돌게 되는데 표준렌즈를 사용할 때 별이 점으로 찍히는 한계시간은 보통 15초 정도이다. 물론 광각 28mm렌즈를 쓰게 되면 44초까지도 가능하다. 물론 초점은 무한대로 맞추고, 조리개는 열면 열수록 빛이 많이 들어오므로 가능한 최대한으로 개방한다. 그러나 완전히 개방하면 수차가 생기므로 한 스톱 정도 조여 주는 것이 좋다. 보통의 표준렌즈는 개방최대 조리개가 f/1.4이므로 f/2.8 정도가 되면 거의 수차가 없어진다. 그리고 15초 동안 흔들림이 없게 하기 위해서 릴리즈를 사용하는 것이 좋다.

[그림 2] 고정촬영

[그림 3] 오리온 자리, 10s

[그림 4] Canon EOS 10D, 28mm, 1/3s

2. 일주 촬영법

흔히 Trail 사진이라고 부르는 것으로 노출 시간이 길기 때문에 지구의 자전에 의한 별의 흐름이 직선 또는 곡선으로 나타나게 된다. 찍는 방법은 고정초점 방식과 동일하나, 노출 시간은 원하는 별 이미지의 길이에 따라 5분~4시간까지 다양하게 선택할 수 있다. 셔터를 열어놓는 시간이 길므로 감도가 ISO 400을 넘는 것은 결코 좋지 않고, 조리개도 2~3단계 줄이는 것이 좋으며, 별의 궤적은 1시간당 15°의 움직임을 나타낸다. 사용렌즈의 화각을 알고 구도를 계산하여 필름에 나타날 별의 궤적을 미리 예상하여 노출시간을 결정하는 것이 좋다.

그러나 학교가 대부분 도시의 중심에 있는 곳에서 일주운동을 촬영하기란 거의 불가능하다. 노출시간이 10정도 이상이 되면 주변의 빛에 의해 과다노출이 되어 사진이 나오지 않기 때문이다. 이러한 문제점을 해결하고 도시에서 일주운동을 촬영하고자 하는 경우 해결책은 바로 DSLR을 이용하는 것이다. DSLR의 ISO값을 높게 설정한 후 노출시간을 1분 30초 이하로 주어 촬영한다. 대략 30분 정도의 일주운동 사진을 얻기 위해서는 20장 정도의 사진을 찍으면 된다. 이렇게 얻은 사진을 포토샵을 이용하여 하나의 파일로 합성하면 일주운동 사진이 완성된다.

[그림 5] 이건호, 5D MarkII, 35mm F1.4, F4 ISO200, 40분 1장 노출

[그림 6] 임재식, 350d, Tamron17-50@f2.8 /17mm, ISO100, f4.5, 5분 12장

3. 다중노출 촬영법

다중 노출 촬영은 일식이나 월식의 전 과정을 한 장의 필름에 담을 때 쓰는 방법이다. 다중노출로 촬영하는 것은 점상촬영과 일주촬영의 성격을 반반씩 띠고 있는데 찍는 방법은 간단하다. 다중 노출이란 한 필름에 여러 번 찍는 것이다. 다중 노출 장치는 필름이 돌아가지 않고 셔터만 감게 해준다. 따라서 한 필름에 몇 번이고 셔터를 누를 수 있게 되는 것이다.

이러한 다중노출을 촬영하기 위해 우선적으로 필요한 것이 바로 다중 노출 장치가 있는 카메라이다. 일반적으로 니콘, 캐논과 같은 필름 카메라에는 다중 노출장치가 있어야 편리하게 촬영할 수 있다. 그러나 DSLR의 경우 다중 노출 장치가 없다. 따라서 DSLR은 필름 카메라와 같은 방식으로 다중노출 촬영을 할 수 없다.

DSLR 카메라를 이용하여 다중노출 촬영을 하고자 할 경우 카메라의 위치에 변화가 없는 상태에서 점상촬영과 같이 촬영을 한다. 구도는 일주 촬영과 같이 설정하고 예상되는 이미지를 생각하여 촬영 간격을 결정한다. 이후 카메라 옆에서 시계를 보면서 계속 셔터를 눌러 사진을 촬영한다. 그리고 셔터를 누르는 동안 카메라가 흔들릴 가능성이 매우 높아지는데, 이를 방지하기 위해서는 튼튼한 삼각대를 사용하여 카메라를 아주 단단히 고정해야 한다. 이렇게 하여 사진촬영을 완료하고 포토샵을 이용하여 여러 장의 사진을 하나의 사진으로 합성하면 다중노출 사진이 완성된다.

다중노출 촬영은 꼭 일식이나 월식이 아니더라도 가느다란 달이나, 같이 어우러진 행성들, 밝은 별들은 다중노출촬영의 좋은 대상이 된다.

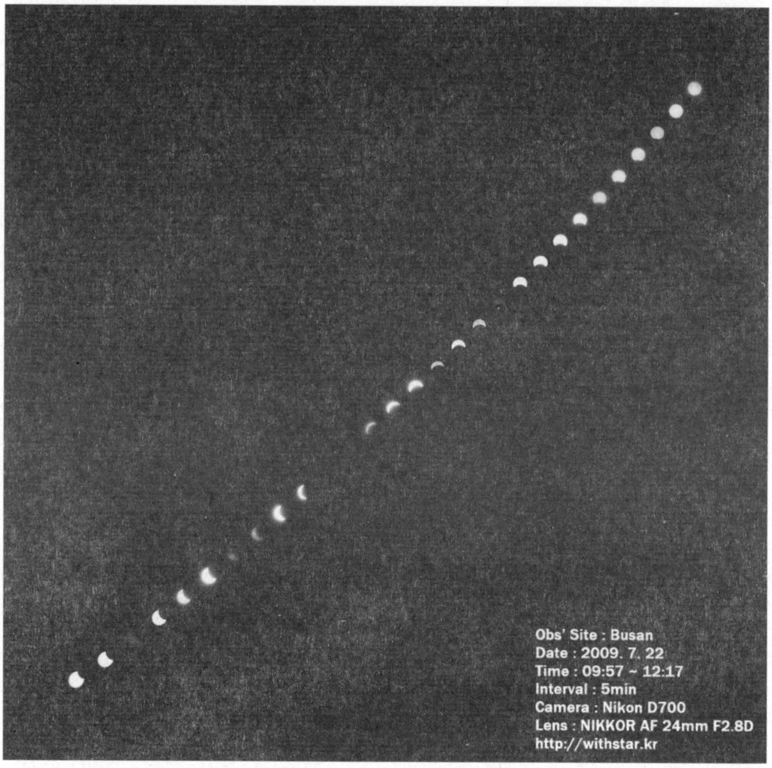

[그림 7] 권기식, Nikon D700 + Tamron SP 28mm F2.8, 5분 간격

[그림 8] Nikon D700 + Tamron SP 28-75mm F2.8, 5분 간격

[그림 9] Nikon D700 + Tamron SP 28-75mm F2.8, 3분 간격

[준비물]

삼각대, 볼 마운트, 카메라, 릴리즈

[촬영과정]

① 삼각대를 설치한다.

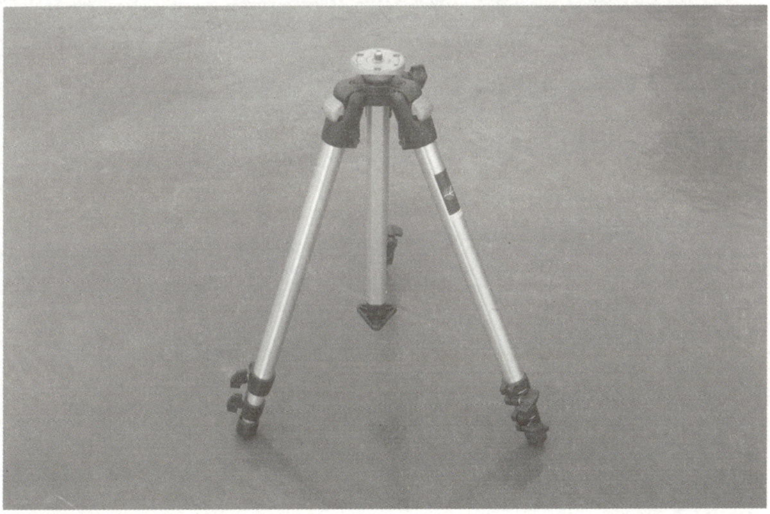

② 삼각대 위에 볼 마운트를 설치한다.

③ 볼 마운트 위에 카메라를 장착한다.

④ 카메라에 릴리즈를 연결한다.

⑤ 카메라의 뷰 파인더를 보고 망원경 컨트롤러를 이용하여 촬영하고자 하는 천체를 중앙에 위치시킨다.

⑥ 카메라의 뷰 파인더를 이용하여 촬영하고자 하는 천체에 적합한 화각을 고려하여 초점거리를 선택하고, 조리개는 되도록 개방하고 초점은 무한대로 놓는다.

⑦ 카메라의 촬영 모드를 수동모드(M)로 설정한 후, ISO값을 200 이상의 감도로 설정한다. 그러나 도시의 불빛이 많은 곳은 광해로 인하여 과다 노출될 가능성이 있으므로 테스트를 거친 후 카메라 설정을 완료하는 것이 바람직하다.

⑧ 점상촬영의 경우 릴리즈를 이용하여 촬영하고, 일주 촬영의 경우 렌즈 앞을 검은 물체로 가린 다음 릴리즈를 누르고 조심스럽게 치운다. 적정 노출 시간이 지나면 다시 앞을 가리고 릴리즈를 푼다. 렌즈 앞을 가리는 이유는 셔터 작동 시 진동에 대비하기 위해서다.

※ 촬영상 유의점

① 프레임 간 인터벌은 최대한 짧게 세팅 – 별의 광적이 끊어지는 현상 최소화

② 짧은 노출로 여러 장을 합성 – DLSR 장기노출에 의한 열화노이즈, 주변 광해영향

③ 촬영 동안 삼각대나 카메라에 진동을 주지 않도록 유의

④ 광각~표준 정도의 렌즈를 활용

⑤ 초점은 MF방식으로 촬영된 별상을 보면서 맞춤(AF기능 off)

[이미지 합성하기]

1. 포토샵을 이용한 일주운동 합성

① 포토샵에서 일주운동 사진을 모두 불러온다.

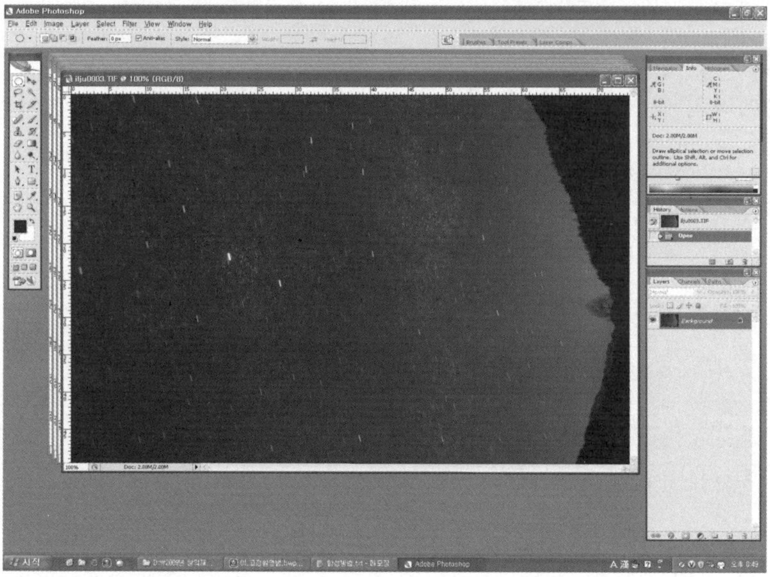

② 모든 파일을 복사하여 한 파일의 레이어로 옮긴다. 즉 첫째 사진에서 전체선택(Ctrl+A)한 후 복사(Ctrl+C)한다. File → New → OK를 클릭한다. 이후 붙여넣기(Ctrl+v)를 클릭한다. 다음으로 나머지 사진을 차례로 선택한 후 전체선택(Ctrl+A), 복사(Ctrl+C), 붙여넣기(Ctrl+v)를 반복하여 하나의 레이어에 모든 사진을 옮긴다.

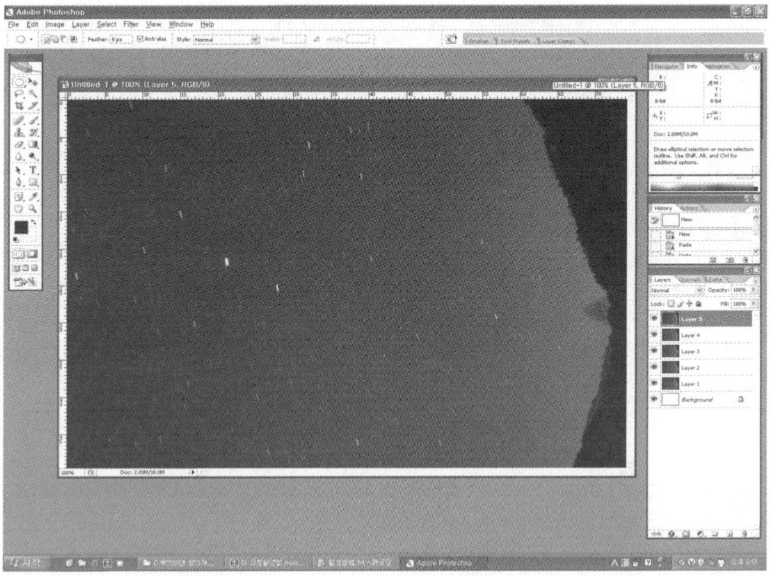

③ 투명도를 100%로 설정하고 모든 레이어의 속성을 '오버레이(overlay)' 또는 '스크린(Screen)'으로 변경한다.

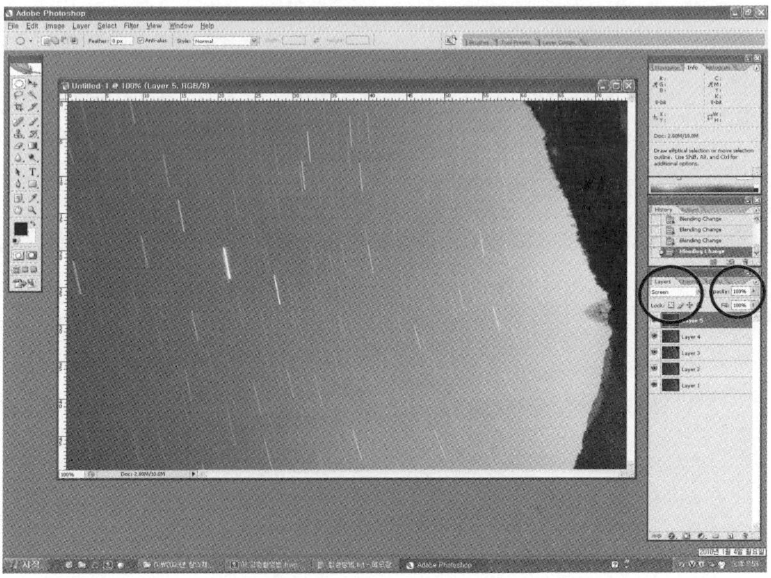

④ Layer → Flatten Image를 클릭하여 하나의 이미지로 병합한다.

⑤ File → Save As를 이용하여 원하는 형식으로 이미지를 저장한다.

2. startrail을 이용한 일주운동 합성

① startrail 프로그램을 http://www.startrails.de/html/software.html에서 다운로드한다.

② 다운로드한 파일의 압축을 푼 후 Startrails.exe를 클릭한다.

③ File → Open Images를 클릭한 후 모든 파일을 불러온다.

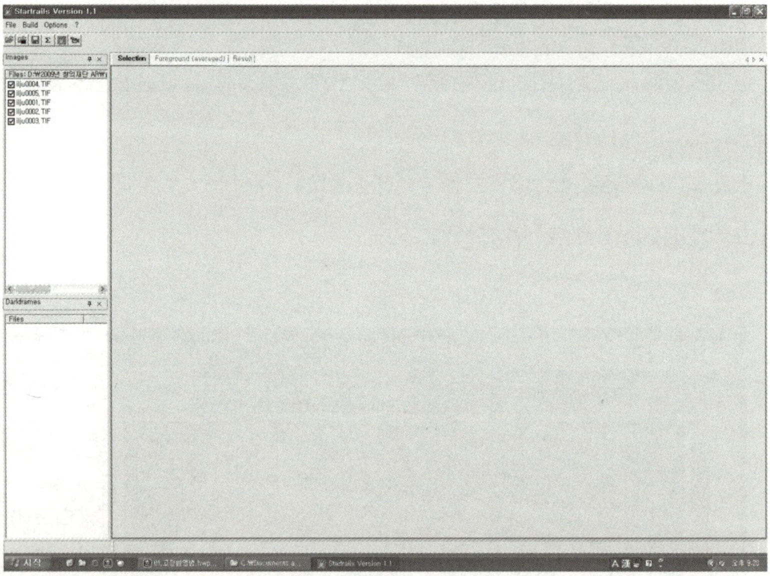

④ Build → Startrails를 클릭하면 완성된다.

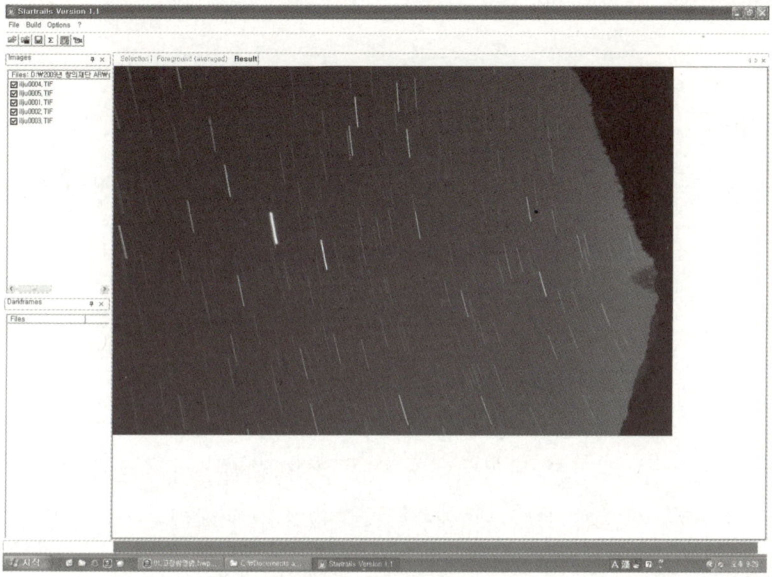

⑤ File → Save Images를 이용하여 원하는 형식으로 이미지를 저장한다.

3. Photoshop 이미지와 startrail 이미지 비교

[그림 10] Photoshop 이미지

[그림 11] Startrail 이미지

활동 16 직초점 촬영법

[실험목적]

천체망원경, DSLR카메라를 이용하여 직초점 촬영법으로 천체를 촬영할 수 있다.

[이론적 배경]

1. 직초점 방식

카메라의 렌즈를 제거하고 어댑터를 이용하여 망원경의 접안부에 카메라를 직접 부착시켜 대물렌즈에 의해 생긴 상이 직접 필름에 맺히게 하는 것으로 망원경의 대물렌즈가 사진기의 렌즈 역할을 하는 방식이다. 이 방식은 접안렌즈를 사용하지 않으므로 렌즈의 수차에서 오는 영향이 없어 선명한 상을 얻을 수 있으므로 천체 사진에서 가장 기본적이고 많이 사용된다.

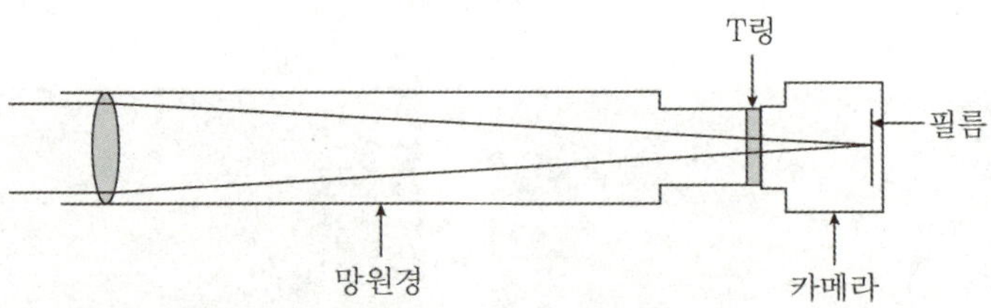

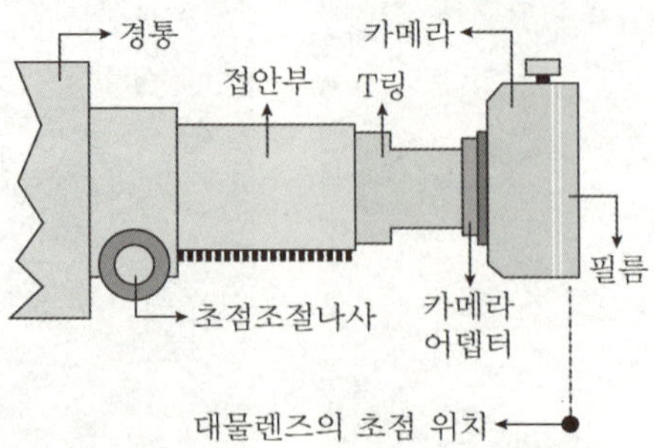

천체사진 촬영에서 가장 어려운 것이 초점을 맞추는 것이다. 물론 DSLR의 경우도 같다. 촬영하고자 하는 대상을 망원경 컨트롤러를 이용하여 카메라의 뷰파인더의 중앙에 위치시킨 후 망원경 초점조절나사를 조금씩 앞뒤로 움직이면서 정확한 초점을 맞추어야 한다. 좋은 사진을 얻기 위해서는 정확한 초점이 가장 우선되어야 한다. 처음에는 힘이 들지만 여러 차례의 시행착오를 거쳐 정확한 초점을 찾는 연습을 해야 한다.

다음으로 어려운 것이 적절한 노출이다. 달을 촬영할 경우 적절한 노출이 되지 않으면, 달의 세부가 명확히 보이지 않는다. 달은 초승달에서 보름달에 이르기까지 점차 밝아지기 때문에 각각의 시각에 따라 적정노출이 다르게 된다. 기본적으로 초승달일수록 노출을 많이 주고 보름달일수록 노출이 적어진다. 그리고 달의 고도나 대기의 상태, 망원경의 상태에 따라 노출은 약간씩 달라지기 때문에 결국은 자신의 망원경에 따른 최적의 데이터를 경험으로 구해내는 수밖에 없다.

가장 효과적으로 적정 노출시간을 찾는 방법은 노출시간을 최대한 길게 한 후 한 단계씩 노출 시간을 줄여가며 가장 짧은 노출시간까지 지속적으로 실시하는 것이다. 그리고 관측 결과를 통하여 적절한 노출된 사진을 찾으면 된다. 그리고 이렇게 하여 얻어진 자료를 표로 만들어 가지고 있으면 언제라도 쉽게 적절한 노출시간을 얻을 수 있다.

그리고 실제 관측에서는 이 표의 노출에서 전후로 한 단계 혹은 두 단계 앞뒤로 찍어보면 그중에서 적정 노출된 사진을 얻을 수 있을 것이다. 보통 직초점 사진을 태양, 달, 행성, 성운, 성단 등의 촬영에 사용한다.

[준비물]

천체망원경, T링, DSLR카메라, 릴리즈

가. T링

카메라를 망원경에 연결시켜주는 부품이다. T링은 렌즈를 제거한 카메라에 부착 가능하도록 되어 있다. 카메라 종류에 따라 이 T링도 다르다. 즉 니콘 카메라면 니콘 T링이 있어야 한다. 천체망원경 판매점에서 쉽게 구할 수 있다.

[그림 12] T링

나. 릴리즈

릴리즈는 직초점뿐만 아니라 거의 모든 촬영에 필요한 장비이다. 사진 촬영 시 손으로 셔터를 누르게 되면 미세한 떨림에 의하여 카메라가 흔들려 사진을 망치게 된다. 그리고 'bulb' 기능으로 장시간 노출을 주는 데 많은 불편이 따른다.

이러한 불편함을 없애기 위하여 릴리즈를 사용하게 된다. 필름 카메라의 릴리즈는 회사에 관계없이 모든 회사의 카메라를 사용할 수 있으나, DSLR의 경우 제조

회사에서 판매하는 전자릴리즈만 사용해야 하는 불편함이 있다. 전자릴리즈를 구입하지 못한 경우 카메라 '타이머' 기능을 이용하면 효과적으로 사용할 수 있다.

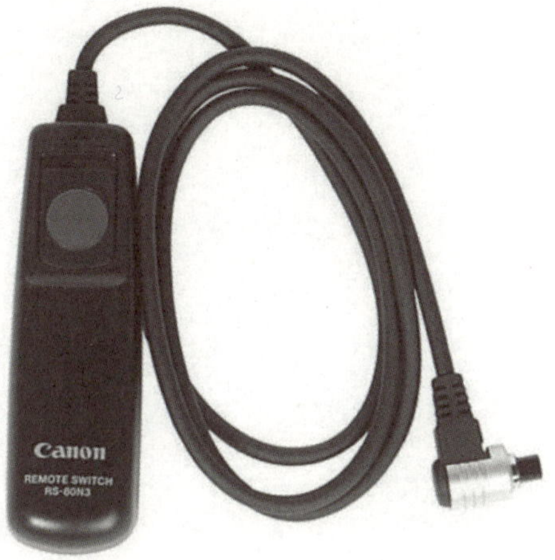

[그림 13] 전자 릴리즈

[촬영과정]

① 망원경 접안부를 분리한다.

② T링과 망원경 접안부 위쪽 부분을 결합한다.

③ 결합체(T링+접안부 홀더)를 카메라와 연결한다.

④ 이를 망원경에 연결한다.

⑤ 이제 관측을 위한 장비의 설치는 모두 끝났다.

⑥ 카메라에 릴리즈를 연결한다.

⑦ 카메라의 뷰 파인더를 보고 망원경 컨트롤러를 이용하여 촬영하고자 하는 천체를 중앙에 위치시킨다.

⑧ 카메라 뷰파인더를 통하여 천체를 보면서 망원경 초점 조절나사를 조금씩 앞뒤로 움직이면서 정확한 초점을 찾는다. 이 작업은 사진촬영에서 가장 중요한 작업이므로 긴 시간을 두고 정밀하게 실시한다.

⑨ 카메라의 촬영 모드를 수동모드(M)로 설정한 후, ISO값을 설정한다.

⑩ 노출시간은 표를 참고하여 적정노출의 한 단계 혹은 두 단계 증감하고 릴리즈를 이용하여 사진촬영을 한다.

천체사진을 처음 찍어보는 초보자들에게 알맞은 방법으로, 사진기를 한 곳에 고정시켜 놓고 적당한 노출을 주어 별이나 별자리의 움직임을 촬영한다.

[그림 14] Pentax 105mm, Nikon Coolpix 995, ISO 100, 1/50

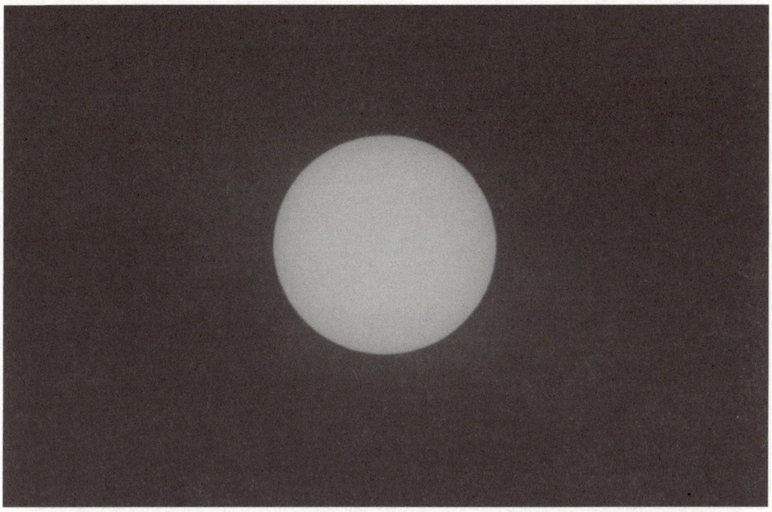

[그림 15] Pentax 105mm, Canon EOS 10D, ISO 100, 1/1000

[그림 16] Pentax 105mm, Canon EOS 10D, ISO 100, 1/15

[그림 17] Pentax 105mm, Canon EOS 10D, ISO 100, 1/15

부록 3 별자리의 움직임과 행성 관측

달과 행성들의 궤도는 지구 궤도면(황도면)에 대하여 대략 7° 정도 안에 위치해 있다. 그래도 [그림 18]과 같이 행성들을 이어보면 하나의 선을 이루는데, 이 선이 대략의 황도면이다. 또한 행성들이 지나가는 선이 천구상에서 일정하기에 같은 별자리들을 지나간다. 이러한 별자리들을 황도 12궁(zodiac constellations)이라 한다. [그림 18]과 [그림 19]에서 보듯이 금성, 화성, 토성이 황도 12궁 중에 사자자리와 처녀자리의 별자리에 위치한다. 이제 〈표 1〉을 이용하여 태양, 달, 행성들을 관측해 보자. 이러한 관측을 할 때에 「구글 별자리 앱」을 이용하면 더욱 편리하다.

[그림 18] 별자리 사이에 위치한 금성, 화성, 토성

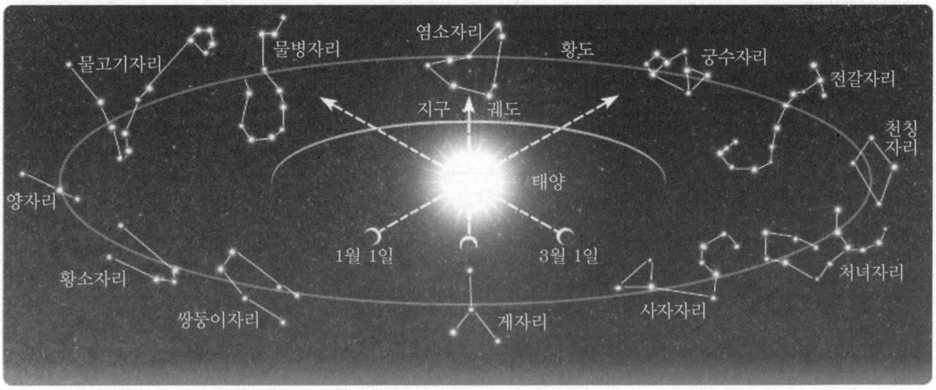

[그림 2] 황도 12궁

〈표 1〉 태양계 천체 관측 사실

천체	궤도 주기	관측사실
달	약 30일 (삭망일)	시간당 동쪽으로 1/2°를 진행함으로 하루에 대략 12°를 움직인다. 매일 밤 대략 50분 늦게 뜬다(Rise).
수성	약 1/4년 대략 매년 4-1=3번의 저녁별/새벽별을 되풀이한다.	밝은 별같이 태양 근처에서 보인다. 저녁별로 40일 새벽별로 40일 보이지 않을 때가 40일
금성	약 8/13년 대략 매 8년 13-8=5번의 저녁별/새벽별을 되풀이한다.	매우 밝다. 저녁별로 9개월 새벽별로 9개월 보이지 않을 때가 2개월
태양	1년 (지구에서 보면) 대략 1° 정도를 별에 대하여 동쪽으로 이동한다. 대략 한 달에 황도 12궁의 하나를 이동한다.	태양의 별에 대한 운동으로 인하여 매일 밤 4분 정도 일찍 뜬다. 따라서 매달 2시간 일찍 뜬다.
화성	대략 2년 (항성주기와 회합주기 모두)	붉은 별같이 보임 매 2년에 역행은 2~3개월, 4개월은 안 보인다.
목성	대략 12년 1년에 황동 12궁의 하나를 진행한다.	어떤 별보다 밝음 매년 4개월은 역행, 1개월은 안 보인다.

천체	궤도 주기	관측사실
토성	대략 30년 달이 날(日)을 세듯 토성은 해(年)를 센다.	밝은 별로 보임. 매년 5개월은 역행, 1개월은 안 보인다.
천왕성	84=12×7년 매 7년마다 하나의 황도 12궁을 지나간다.	쌍안경으로 보임. 매년 5개월은 역행, 1개월은 안 보인다.

〈표 2〉에 나열한 별들은 밤하늘에서 관측할 수 있는 밝은 것들이다. 이 별들은 대략 서울의 하늘에서도 관측 가능하다. [그림 20, 21, 22, 23]은 각 계절별 별자리로 밝은 별들과 희미한 별들의 천구상의 위치를 알려 준다.

〈표 2〉 15개의 밝은 별들

이름	관측 위치	관측 사실
1. 시리우스 Sirius* (SI–ree–us)	큰개자리	모든 별들 중에 가장 밝음. 9광년 정도의 거리. 흰색으로 보임, 백색 왜성을 동반하고 있음.
2. 아크투르스 Arcturus* (ark–TOO–rus)	목자자리	발견하기 위해서는 북두칠성의 호를 따라가면 됨. 오렌지색의 거성.
3. 베가 Vega (VEE–ga)	거문고자리	거리가 가까운 백색의 주계열별. 여름밤의 대삼각형 중에 하나.
4. 카펠라 Capella* (ka–PELL–la)	마차부자리	거의 항상 지평선 위에서 보임.
5. 리겔 Rigel* (RYE–jell)	오리온자리 발 근처	거리가 먼 푸른색의 초거성. 〈표 2〉의 별 중에 실제 광도가 가장 크다. 우리 은하 나선 팔에 위치함.
6. 프로키온 Procyon (PRO–see–on)	작은개자리	시리우스 부근에 있다. 11광년 거리 백색왜성을 동반함.
7. 베텔게우스 Betelgeuse* (BETT–ul–jooz)	오리온자리 어깨 근처	크기가 목성 궤도만 한 붉은 초거성. 리겔과 함께 오리온 성단을 이룬다. 천구의 적도에 위치한다.

이름	관측 위치	관측 사실
8. 알테어 Altair (al-TAIR)	독수리자리 머리 부분	거리가 가까운 백색의 주계열별. 여름밤의 대삼각형 중에 하나.
9. 알데바란 Aldebaran* (al-DEB-a-ran)	황소자리 눈	적색 거성. 거의 황도에 위치.
10. 안타레스 Antares* (an-TAIR-ees)	전갈자리 심장	크기가 거의 베텔게우스인 적색 초거성. 거의 황도에 위치.
11. 스피카 Spica (SPY-ka)	처녀자리에 위치	거리가 가까운 청색 주계열별. 황도면 아래 위치한다.
12. 폴룩스 Pollux (PAUL-uks)	쌍둥이자리 머리. 거의 황도에 위치	황도면 위에 위치한 오렌지색 거성. 다른 쌍둥이에는 카스토르(Castor)가 있다.
13. 포말하우트 Fomalhaut (FOE-mal-ott)	남쪽 물고기	황도면 바로 아래에 위치.
14. 데네브 Deneb (DEN-ebb)	백조자리 꼬리	1,500광년 거리에 위치. 실제 광도가 가장 밝은 별 중에 하나. 여름밤의 대삼각형 중에 하나.
15. 레굴루스 Regulus* (reg-YOU-lus)	사자자리 심장	황도에 위치.

0시
2시
22시
M52
카시오페이아
이중성단
세페우스
데네브
20시
백조
4시
페르세우스
기린
거문고
작은곰
북극성
M57
직녀성(베가)
카펠라
용
M38
M36
마차부
M37
M92
M81
살쾡이
헤르쿨레스
M35
M13
카스토르
목동
큰곰
M51
폴룩스
18시
6시
서
전정
사냥개
쌍둥이
북쪽왕관
뱀주인
작은사자
M44
뱀(머리)
아크투루스
M3
게
머리털
작은개
사자
프로키온
봄철의 대삼각형
M65
M5
M66
레굴루스
외뿔소
M50
처녀
M48
천구의 적도
육분의
알파르드
M47
스피카
M104
컵
천칭
바다뱀
전갈
까마귀
나침반
16시
8시
공기펌프
센타우루스
14시
10시
12시
남

[그림 20] 봄의 별자리

북
기린
큰곰
페르세우스
이중성단
북극성
카시오페이아
작은곰
삼각형
세페우스
사냥개
M52
안드로메다
M51
도마뱀
용
머리털
M39
데네브
목동
M3
백조
M92
페가수스
M13
M29
아크투루스
거문고
북쪽왕관
M57
M27
작은여우
헤르쿨레스
M15
화살
돌고래
견우성(알테어)
조랑말
뱀주인
독수리
M11
방패
염소
남쪽물고기
M22
안타레스
궁수
전갈
M7
남쪽왕관
남

[그림 21] 여름의 별자리

북
12시
14시
10시
작은곰
북극성
카멜라
기린
세페우스
카시오페이아
페르세우스
용
헤르쿨레스
M13
M92
직녀성(베가)
거문고
M57
M39
M52
M34
M45
안드로메다
M31
삼각형
도마뱀
백조
M29
M27
작은여우
화살
M15
돌고래
견우성(알테어)
독수리
M11
방패
M17
M22
궁수
염소
물병
고래
물고기
페가수스
에리다누스
NGC253
조각실
포말하우트
남쪽물고기
현미경
두루미
봉황새
남
22시
20시
18시
16시
6시
4시
2시
M35
M37
M38
M36
오리온
황소
마차부
M51
서
동

[그림 22] 가을의 별자리

북
작은곰
북극성
세페우스
카시오페이아
안드로메다
페르세우스
페가수스
데네브
M39
도마뱀
큰곰
작은사자
사자
레굴루스
M44
카스토르
폴룩스
쌍둥이
M35
M37
M36
M38
마차부
카펠라
M34
삼각형
양
M45
알데바란
황소
물고기
M67
작은개
프로키온
베텔게우스
오리온
리겔
M48
외뿔소
M50
M47
시리우스
M41
M93
큰개
토끼
비둘기
고물
고래
에리다누스
화학로
남
서

[그림 23] 겨울의 별자리

실험 결과 및 토의
정답 및 해설

활동 1 지구의 반지름 구하기

1. 다음 물리량을 구해 보자.

	눈높이(h)	시간(s)
측정값	1.7m	11.1s

2. 누워 있었을 때와 서 있었을 때의 각의 변화 θ를 구해 보자.

$$\theta = \frac{360° \times 11.1s}{24h \times 60m \times 60s} = 0.04625° = 0.000807\,rad$$

3. 지구의 반지름을 구해 보자.

$\theta \ll 1$인 경우에는 $\tan\theta \simeq \theta$이기에

$$r = \frac{2h}{\tan^2\theta} = \frac{2h}{\theta^2} = \frac{2 \times 1.7m}{0.000807^2} = 5.217 \times 10^6 m = 5217km$$

4. 지구 반지름의 오차는 얼마인가?

$\theta \propto t$이기에, $r = \frac{2h}{\theta^2} \propto \frac{2h}{t^2}$이 된다. 그런데 h는 일정한 양이고, 우리가 관측하는 물리량은 t이기에 위 식에서 $\frac{\Delta r}{r} = -2\frac{\Delta t}{t}$인 관계가 있다. 즉 시간 측정에 10% 오차가 있으면 반경 오차는 20%가 된다는 의미이다. 이를 실제로 계산해 보면 $t = 10\,s$인 경우, 위 식에서 $r = 6,429\,km$가 계산된다. 그런데 $\Delta t = 11.1 - 10 = 1.1\,s$이기에 시간 오차는 $\frac{\Delta t}{t} = \frac{1.1}{(10 + 11.1)/2} \times 100 = 10.427\%$이다. 따라서 이에 따른 반경 오차는 $\frac{\Delta r}{r} = \frac{5217 - 6429}{(5217 + 6429)/2} \times 100 = -20.822\%$가 된다.

1의 표에서 시간 측정을 여러 번 하여 평균값을 구하고 표준편차를 시간 측정의 오차로 사용하면 지구의 반경을 참값에 가깝게 구할 수 있을 것이다.

활동 2 달까지의 거리 구하기

1. 위의 일식 사진에서 달의 중심을 결정하는 방법은 어떤 것이 있을까?

- 원의 접선에서 수선을 긋는다.
- 원을 지나는 직선을 그은 후 이 직선에 수직 이등분선을 긋는다.
- 원에 내접하는 직각 삼각형을 그린다.

2. 위 방법을 이용하여 달과 지구 그림자의 크기를 측정해 보자.

구분	달	지구
크기	32.7mm	92mm

3. 달의 지름은 몇 km인가?

우리가 태양에서 지구로 오는 빛을 평행하다고 가정하면 위에서 잰 지구의 그림자의 크기와 달의 크기의 비가 지구의 반지름(6,400km)과 달의 반지름의 비와 같다. 따라서

$32.7\text{mm} : 92\text{mm} = x : 6,400\text{km}$

$$x = \frac{32.7\text{mm} \times 6,400\text{km}}{92\text{mm}} = 2,275\text{km}$$

따라서 달의 지름은 $2,275\text{km} \times 2 = 4,550\text{km}$ 이다.

그러나 태양과 지구 사이의 거리는 지구와 달 사이의 거리보다 멀기는 하지만 태양의 크기가 지구의 크기보다 매우 크기에 엄밀히 말하면 지구의 그림자를 만드는 태양 빛은 평행하지 않다.

4. 달까지의 거리는 얼마인가? (단, 달의 각지름은 0.5°이다.)

$l = r\theta$에서 $4,550\text{km} = r \times 0.5°$이다.

$$r = \frac{4,478\text{km}}{0.5°} = \frac{4,478\text{km}}{0.5° \times \frac{\pi rad}{180°}} = 513,000\text{km}$$

5. 달의 지름과 달까지의 거리의 오차는 얼마인가?

실제 달의 지름은 3,474km이고, 지구로부터의 거리는 평균 384,399km이다.

따라서 달의 지름은 4,478km−3,474km=1,004km,

지구로부터의 거리는 513,000km−384,399km=128,601km이다.

달의 지름은 실제 지름보다 더 크고, 지구로부터의 거리는 실제보다 더 멀다.

6. 지금까지 사용한 방법으로 달의 지름을 구할 때 필요한 가정 2가지를 써 보자.

태양 빛은 평행하다. 지구의 모양은 원이다.

7. 위 문제의 가정은 달의 크기와 지구로부터 달까지의 거리에 어떠한 영향을 미치는가?

월식이 일어날 때 태양 빛은 평행하다고 가정하였으나 실제는 태양의 크기가 지구보다 크기 때문에 평행하지 않다. 따라서 이를 고려하면 달의 공전궤도상의 지구 그림자의 크기는 지구의 크기보다 작게 된다. 우리가 위와 같은 방식으로 달의 크기를 구하면 달의 각지름은 동일하므로 달의 크기를 더 크게 구하게 된다.

8. 달의 공전궤도상의 달까지의 거리를 구해 보자.

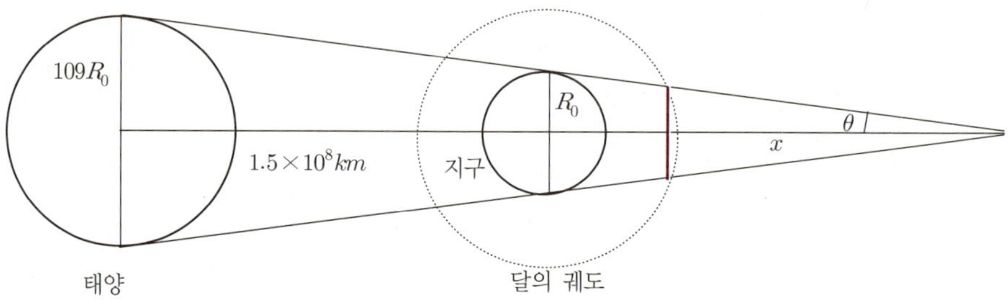

여기에서 R_0는 지구의 반지름으로 6,400km, 1.5×10^8km는 지구와 태양 사이의 거리, x는 지구 중심으로부터 꼭짓점까지의 거리이다.

두 삼각형은 닮은꼴이므로 다음과 같은 식이 성립한다.

$$\frac{1R_0}{x}=\frac{109R_0}{x+1.5\times10^8\text{km}}$$

$$x+1.5\times10^8\text{km}=109x$$

$$x=1.389\times10^6\text{km}$$

따라서 문제 2에서 지구 그림자의 크기와 달의 크기 비는 92/32.7=2.813이기에 달까지의 거리를 d_m이라 하면, 지구 그림자의 반경은

$\frac{0.5}{2}\times\frac{\pi}{180}\times2.813\times d_m=0.01227d_m$이다. 따라서

$$\frac{0.01227d_m}{1.389\times10^6-d_m}=\frac{6400}{1.389\times10^6}$$

따라서 달까지의 거리는 $d_m=3.792\times10^5\text{km}$ 이다.

지구 그림자의 실제 지름은 $2\times0.01227d_m=9,306\text{km}$ 가 된다.

9. 문제 8에서 구한 값을 이용하여 달의 지름을 구해 보자.

지구 그림자의 크기가 9,306km이기에 달의 지름은 $9,306/2.813=3,308\text{km}$ 가 된다.

실제 달의 지름은 3,474km이고, 지구로부터의 거리는 평균 384,399km과 비교하였을 때, 그리 큰 차이가 없다.

10. 상현달일 때 지구에서 태양–지구–달 사이의 각을 측정한 결과 89.85°이었다. 지구에서 태양까지의 거리를 구해 보자.

상현달일 때 달, 지구, 태양의 위치관계는 다음과 같이 표현할 수 있다.

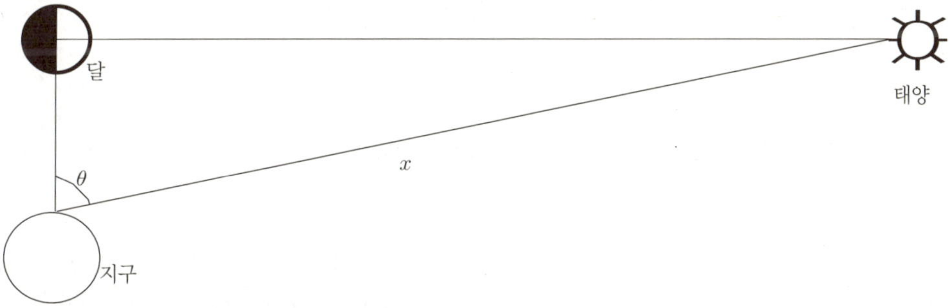

따라서 다음 관계식이 성립한다.

$$\cos\theta=\frac{377,000\text{km}}{x},\ \text{즉}\ x=\frac{377,000\text{km}}{\cos 89.85}=144,000,000\text{km}$$

이 방법으로는 지구와 태양 사이의 거리를 구하기 쉽지 않다. 왜냐하면 상현일 때, 지구–달–태양 사이의 거리를 측정하기가 거의 불가능하기 때문이다. 따라서 우리는 다른 방법을 생각해 보아야 한다.

활동 3 달의 각지름 구하기

1. 천체망원경의 경통의 구경(D)과 초점거리를 알아 보자.

천체 망원경의 경통 부분을 확인한 결과 구경은 140mm, 초점거리는 980mm이다.

2. 자를 이용하여 달의 각지름을 측정한 결과 몇 mm인가?

관측 결과 9.1mm이었다.

3. 달의 각지름은 얼마인가?

$l = r\theta$에서 $9.1\text{mm} = 980\text{mm} \times \theta$

$$\theta = \frac{9.1}{980} rad = \frac{9.1}{980} rad \times \frac{180°}{\pi rad} = 0.53°$$

4. 투영판을 앞뒤로 움직일 때 정확하게 초점이 맞으면 상이 가장 작고 선명하게 보인다. 그 이유는?

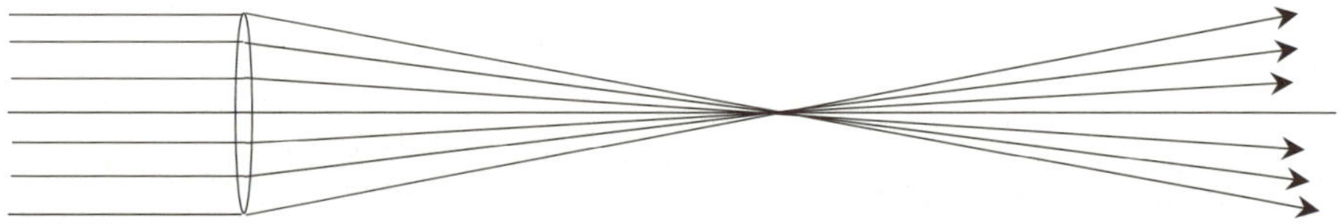

광학의 원리에 의해 모든 빛은 초점에 모이게 된다. 따라서 초점에서 가장 작고 선명하게 보인다. 초점의 앞으로 혹은 뒤로 이동하게 되면 빛이 분산되어 희미해지고 상은 커지게 된다.

활동 4 태양의 각지름 구하기

1. 천체망원경의 경통의 구경(D)과 초점거리를 알아 보자.

   경통을 확인한 결과 구경은 105mm, 초점거리는 700mm이다.

2. 태양의 각지름은 몇 mm인가?

   관측 결과 6.9mm이었다.

3. 태양의 각지름은 얼마인가?

   $l = r\theta$에서 $6.9\text{mm} = 700\text{mm} \times \theta$

   $$\theta = \frac{6.9}{700}rad = \frac{6.9}{700}rad \times \frac{180°}{\pi rad} = 0.564°$$

4. 투영판을 앞뒤로 움직일 때 정확하게 초점이 맞으면 상이 가장 작고 선명하게 보인다. 그 이유는?

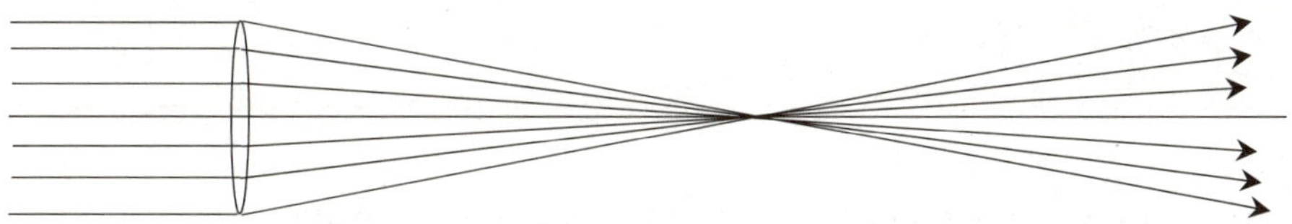

광학의 원리에 의해 모든 빛은 초점에 모이게 된다. 따라서 초점에서 가장 작고 선명하게 보인다. 초점의 앞으로 혹은 뒤로 이동하게 되면 빛이 분산되어 희미해지고 상은 커지게 된다.

활동 5. 태양의 자전주기 구하기

1. 다음 표의 값들을 구하고, 각 흑점들의 자전주기를 구하시오.

• 위도의 계산 : $A=\sin^{-1}\left(\frac{24.7}{87.15}\right)=16.5°$, $B=\sin^{-1}\left(\frac{37.4}{87.15}\right)=25.4°$

흑점의 위도		0°	16.5°N	25.4°S
측정값	R(mm)	87.15		
	R'(mm)	87.15	83.6	79.7
	x(mm)	70.9	26.1	65.3
	y(mm)	50.4	0	49.7
$\alpha=\sin^{-1}\left(\frac{x}{R'}\right)$		54.44°	18.19	55.01
$\beta=\sin^{-1}\left(\frac{y}{R'}\right)$		35.33°	0	38.58
θ		19.11°	18.19	16.43
t_2-t_1(일)		2002년 2월 3일 6시 24분-2002년 2월 1일 20시 48분=1.4일		
$P=\frac{360°}{\theta}(t_2-t_1)$(일)		26.37	27.71	30.67

2. 위에서 구한 태양의 자전주기는 무엇을 기준으로 설정했을 때의 값인가?

지구에서 관측할 때 중심에서 출발하여 다시 중심으로 올 때의 태양의 자전주기이다.

3. 실제 태양의 자전주기는 항성을 기준으로 한 값이다. 항성을 기준으로 했을 경우 태양의 자전주기는 얼마인가?

위에서 구한 태양의 자전주기는 지구에서 관측한 값이다. 실제 태양이 자전할 때 지구는 공전을 하므로 위 태양의 자전주기는 지구의 공전효과가 포함된 것이다. 그러므로 항성을 기준으로 했을 때 태양의 자전주기를 구하는 방법은 회합주기의 개념을 포함하여 다시 계산해 주어야 한다.

즉 $\frac{1}{P_{항}}-\frac{1}{E}=\frac{1}{P_{지}}$ 이다.

$P_{항}$ =항성을 기준으로 했을 때의 태양의 자전주기

E=지구의 공전주기

$P_{지}$ =지구에서 관측했을 때의 태양의 자전주기

항성을 기준 관측하였을 때 태양의 자전주기는 다음과 같다.

$$P_{항} = \frac{P_{지} \times E}{P_{지} + E}$$

㉠ 0°

$$P_{항} = \frac{P_{지} \times E}{P_{지} + E} = \frac{26.37 \times 365}{26.37 + 365} = 24.59\text{일}$$

㉡ 16.5°N

$$P_{항} = \frac{P_{지} \times E}{P_{지} + E} = \frac{27.71 \times 365}{27.71 + 365} = 25.75\text{일}$$

㉢ 25.4°S

$$P_{항} = \frac{P_{지} \times E}{P_{지} + E} = \frac{30.67 \times 365}{30.67 + 365} = 28.29\text{일}$$

위 결과를 살펴보면 적도에서는 태양의 자전주기가 짧고 고위도로 갈수록 자전주기가 길어짐을 알 수 있다.

4. 태양의 위도별 자전속도는 몇 km/s인가?
(단, 태양의 실제 반지름은 6.96×10^5km이다)

㉠ 0°

적도에서의 반지름은 6.96×10^5km 이므로

$$v = \frac{2\pi \times R'}{t} = \frac{2\pi \times 6.96 \times 10^5\text{km}}{24.59\text{일} \times 24 \times 60 \times 60s} = 2.05\text{km/s}$$

㉡ 16.5°N

북위 16.5°에서의 자전 반지름은

$87.15\text{mm} : 6.96 \times 10^5\text{km} = 83.6\text{mm} : x$ 이므로

$x = 6.68 \times 10^5$km 이다.

$$v = \frac{2\pi \times R'}{t} = \frac{2\pi \times 6.68 \times 10^5\text{km}}{25.75\text{일} \times 24 \times 60 \times 60s} = 1.88\text{km/s}$$

㉢ 25.4°S

남위 7.3°에서의 자전 반지름은

$87.15\text{mm} : 6.96 \times 10^5\text{km} = 79.7\text{mm} : x$ 이므로

$x = 6.36 \times 10^5 \text{km}$ 이다.

$$v = \frac{2\pi \times R'}{t} = \frac{2\pi \times 6.36 \times 10^5 \text{km}}{28.29\text{일} \times 24 \times 60 \times 60s} = 1.63\text{km/s}$$

5. 위 사실로부터 무엇을 알 수 있는가?

태양의 자전주기가 저위도에서는 짧고 고위도에서는 긴 것은 강체에서는 불가능하다. 따라서 태양은 유체라는 것을 알 수 있다. 이러한 자전을 차등자전이라 한다.

활동 6. 태양과 지구 사이의 거리 구하기

1. 스페인의 엘 테이데(El Teide, 28.1° N, 16.4° W)와 오스트레일리아의 리어먼스(Learmonth, 22.22° S, 114.10° E) 두 지점 사이의 거리는 얼마인가?

시차를 만드는 요인은 두 지점의 위도 차이에 의한 현상이므로 두 지점 사이의 거리 $\overline{AB} = 6400 \times \sin 28.1 + 6400 \times \sin 22.22 = 5434.73\text{km}$ 이다.

2. $\Delta\beta$ 의 값은 얼마인가?

망원경을 통해 태양을 투영하여 A'와 B'의 궤적을 그린 후 두 그림을 겹친다. 이때 태양의 투영된 크기를 D, 두 궤적 사이의 거리를 $\overline{A'B'}$ 라 하자.

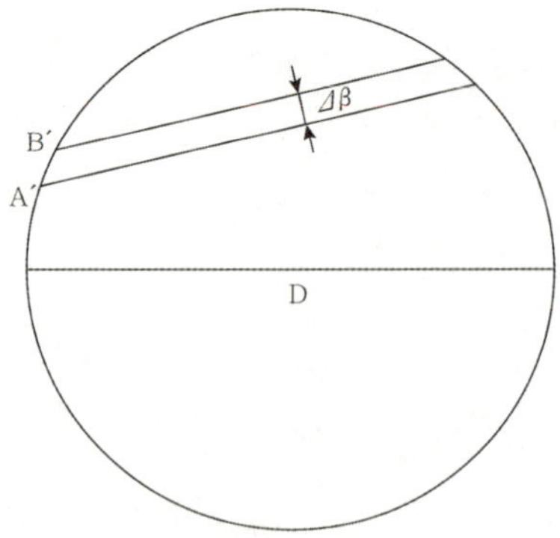

지구에서 보았을 때 태양의 시직경은 30′ 이므로 $\frac{\Delta\beta}{30'} = \frac{\overline{A'B'}}{D}$ 이다.

따라서 $\Delta\beta = 30'\frac{\overline{A'B'}}{D}$ 이다. 그러나 태양의 시직경은 라디안 값으로 표시되어야 하므로

$\Delta\beta = 30' \times \frac{\pi rad}{180 \times 60'} \cdot \frac{\overline{A'B'}}{D} = \frac{\pi}{360} \cdot \frac{\overline{A'B'}}{D}$ 이다.

실제 측정된 $\overline{A'B'} = 1.9mm$, $D = 131.1mm$이다.

따라서 $\Delta\beta = \frac{\pi}{360} \cdot \frac{1.9}{131.1} = 1.265 \times 10^{-4}\ rad$이다.

3. 태양과 지구 사이의 거리는 얼마인가?

$r_e = \frac{\overline{AB}}{0.38248\Delta\beta} = \frac{5434.73km}{0.38248 \times 1.265 \times 10^{-4} rad} = 1.12 \times 10^8 km$ 이다.

4. 오차는 얼마인가?

현재 결정된 지구와 태양 사이의 거리는 $r_e = 1.496 \times 10^8 km$ 이다.

활동 8. 태양의 자전주기 구하기

1. 사진을 이용하여 다음 값을 측정한다.

달의 반지름	$\overline{OC}$	x	y	관측되는 ST_0 (그림자의 길이)
8.6cm	6.5cm	1.7cm	0.5cm	0.1cm

2. 위 데이터를 이용하여 다음 물리량을 구해 보자.

A	a	θ	$\overline{TC}$
85.62°	15.16°	79.22°	0.019cm

3. 크레이터의 높이를 구해보고, 실제 크레이터의 높이와 비교하여 오차를 구해 보자. (단, 달의 실제 적도반지름은 1,738km이다.)

1,738km: 달의 반지름(측정)=크레이터의 높이(X): $\overline{TC}$

1,738km : 8.6cm$=X$: 0.019cm

$X=3.89$km

실제 크레이터 높이는 4,800m이다.

활동 9. 달의 공전주기

1. 금성의 이동거리와 달의 이동거리를 구하시오.

금성 이동한 거리(x)	달이 이동한 거리(y)
9.75cm	9.40cm

2. 달의 공전주기를 구하시오.

$$\text{달의 공전주기} = \frac{x}{x-y} \times \text{지구 자전주기} = \frac{9.75}{9.75-9.40} \times 1\text{일} = 27.86\text{일}$$

3. 이 실험에서 우리는 금성의 공전과 지구의 공전을 고려하지 않았다. 이러한 가정은 적합한가?

금성의 공전주기는 224일이고, 공전궤도 긴반지름은 1×10^8km이다.

따라서 30분간 이동한 거리는 $\frac{2\pi\times10^8\text{km}\times30\text{분}}{224\text{일}\times24\text{시}\times60\text{분}}=58,437\text{km}$가 된다.

지구에서 금성이 내합이었다고 가정할 때 이동각을 구해 보자.

내합일 때 금성까지의 거리는 $0.3AU=0.3\times1.5\times10^8\text{km}=4.5\times10^7\text{km}$이다.

따라서 이동각은 $\frac{58,437\text{km}}{4.5\times10^7\text{km}}\times\frac{180}{\pi}\times60'=4.46'$이다. 이 각은 매우 작을 뿐만 아니라 금성이 최대이각 근처에 위치한 경우 시선방향으로만 이동하므로 공전에 의한 위치이동은 거의 무시할 수 있다. 지구의 공전을 고려하여 사진 촬영 당시 달에 대한 지구의 운동 방향을 확인해야 한다. 지구가 하루에 0.986° 또는 30분에 0.0205° 혹은 1.23′ 공전하게 되는데 이 값은 매우 작으므로 무시할 수 있다.

4. 항성은 오랜 세월이 지나더라도 하늘에서의 위치에 거의 변화가 없다. 따라서 금성과 같은 행성을 사용하는 경우에 비해 항성을 사용할 경우 오차를 더 줄일 수 있을 것이다. 하지만 그럼에도 항성을 사용하지 않고 행성을 사용한 까닭은 무엇일까?

   항성은 달에 비해 너무 어두워 두 천체를 동시에 잘 촬영하기 매우 어렵기 때문이다.

5. 달과 금성의 이동거리를 측정할 때 두 지점의 직선의 거리를 측정하였다. 정확한 값을 측정하기 위해서는 곡선으로 전제하고 측정해야 한다. 그 이유는?

   별의 일주운동을 관찰해 보면 일주운동의 궤적은 직선이 아니라 곡선이다. 즉 천구의 적도에 위치한 천체를 제외하고는 모두 곡선운동을 하게 된다. 따라서 금성과 달의 정확한 이동 거리를 구하기 위해서는 곡선 이동 거리를 측정해야 한다.

6. 이 실험에서 구한 달의 공전 주기는 삭망월인가? 항성월인가? 그 이유는?

   항성월이다. 금성을 별이라 가정하면 우리가 측정한 달의 이동거리는 별을 기준으로 이동한 거리가 된다. 따라서 우리가 구한 달의 공전주기는 항성월이 된다.

7. 사진에서 달의 위상은 초승달이다. 그러면 금성의 위상은 어떤 위상이었을까? 태양, 지구, 금성, 달의 상대적 위치를 고려하여 설명하여라.

   금성과 달의 시간에 따른 이동을 살펴보면 초저녁 서쪽하늘을 관측한 것을 알 수 있다. 초저녁 서쪽에 높게 위치한 금성은 동방최대이각에 위치하게 된다. 동방최대이각에 위치한 금성의 위상은 상현달 모양이다.

활동 10. 지구의 공전궤도 이심률 구하기

1. 실험 자료와 엑셀 프로그램을 이용하여 그래프를 그려보자.

   ① 태양 사진을 촬영한 날을 365일 단위로 전환한다.

   예) 3월 10일 → 69일

   ② 태양의 지름을 자로 잰다.

날짜	365일 단위	태양지름(cm)	날짜	365일 단위	태양지름(cm)
01월 02일	2	14.42	07월 21일	186	14.00
01월 10일	10	14.41	07월 31일	196	14.02
01월 19일	19	14.40	08월 09일	205	14.07
02월 11일	36	14.40	08월 17일	213	14.09
02월 20일	45	14.40	09월 02일	234	14.11
03월 07일	60	14.36	09월 14일	246	14.13
03월 15일	68	14.30	09월 23일	255	14.20
03월 29일	82	14.28	09월 30일	262	14.21
04월 10일	84	14.20	10월 10일	272	14.23
04월 20일	94	14.15	10월 20일	281	14.29
04월 30일	104	14.11	10월 29일	292	14.30
05월 22일	126	14.01	11월 08일	302	14.31
05월 28일	132	14.00	11월 19일	313	14.39
06월 09일	144	14.00	11월 30월	324	14.40
06월 19일	154	14.00	12월 10일	334	14.41
06월 29일	164	14.00	12월 20일	344	14.42
07월 11일	176	14.00	12월 30일	364	14.40

③ 태양 사진을 촬영한 날을 1월 1일 기준으로 하여 공전각을 계산한다.
엑셀에 '=B2*360/365.2422'를 입력한다.

④ X축을 공전각, Y축을 태양의 지름으로 하여 분산형 그래프를 그린다.

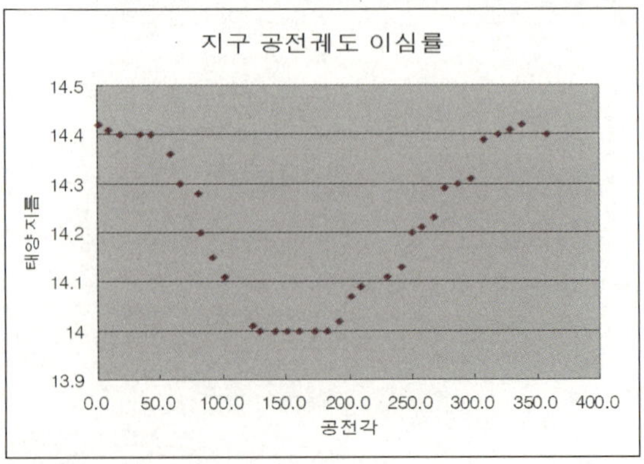

⑤ A값과 B값을 설정하기 위하여 오른쪽 공간에 스크롤바를 만들고 Min, Max, Linked Cell 값을 입력한다.

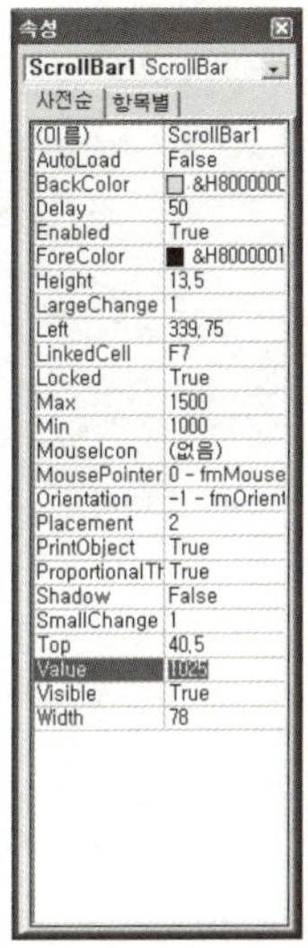

⑥ Min, Max에는 소수점 입력이 불가능하다. Min, Max에 큰 값을 입력하고 표시된 값을 1/100 하여 소수점으로 만든다.

⑦ 분산형 그래프에 $D = A + B\cos\theta$를 Fitting하기 위하여 '=$F$5+$G$5*COS(C2*PI()/180)'를 입력하고, 전체 셀에 적용한다.

⑧ 이를 분산형 그래프에 함께 보이도록 하기 위하여 그래프에서 오른쪽을 클릭 한 후 [원본 데이터]-[계열]-[추가]를 클릭한다.

⑨ X값에 공전각, Y값에 Fitting 값을 범위로 설정한다.

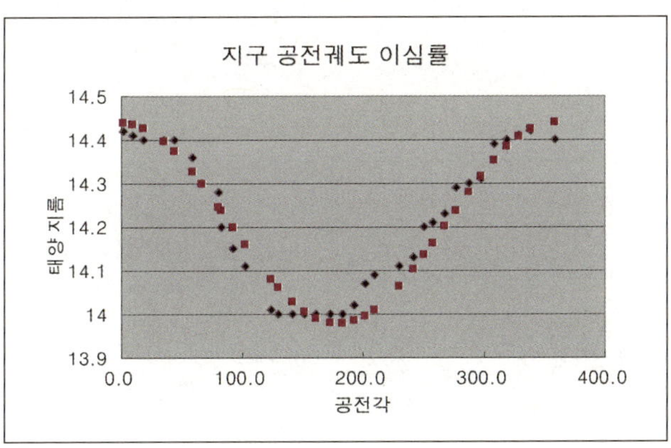

⑩ 그래프에서 Fitting 자료에 오른쪽 버튼을 클릭한 후 [데이터 계열 서식]–[무늬]를 클릭한다.

⑪ [선]에서 '사용자지정'으로 설정하고, [표식]에서 '없음'을 설정하고 [확인]을 클릭한다.

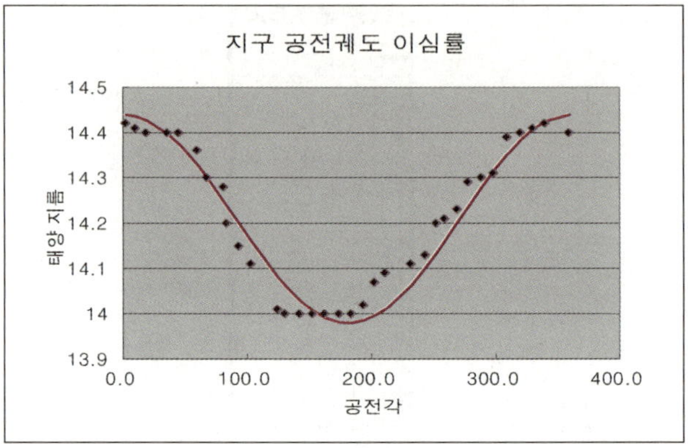

⑫ A와 B의 스크롤바를 조정하면서 가능한 한 정확하게 Fitting한다.

⑬ 그런데 위의 결과를 보면 관측값과 이론값의 공전각이 서로 맞지 않음을 알 수 있다. 이는 우리가 관측을 시작한 날을 기준으로 공전각을 증가시켰지만 실제 달의 공전각의 시작점과 맞지 않기 때문이다. 따라서 공전각을 변화시켜 실제 값과 맞춰주어야 한다.

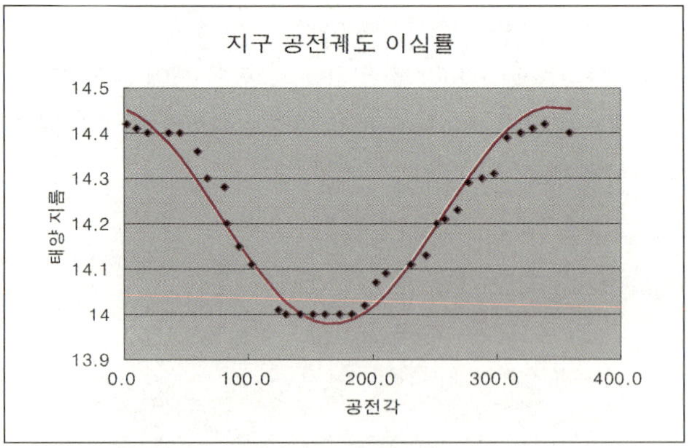

공전각 반영은 '=$F$5+$G$5*COS((C2+$J$5)*PI()/180)'와 같이 변화시켜 주면 된다.

2. A, B의 값은 얼마인가?

A값은 14.22, B값은 0.24이다.

3. 이심률은 얼마인가?

$$e = \frac{B}{A} = \frac{0.24}{14.22} = 0.0168$$

4. 이심률의 오차는?

지구의 이심률은 0.017이므로 0.0002만큼 오차가 발생한다.

5. 태양의 크기 변화를 이용하여 1년이 365일임을 어떻게 알 수 있을까?

태양의 크기 변화를 오랜 기간 관측하여 그 주기를 구하면 정확한 지구의 공전 주기를 구할 수 있다.

6. 다른 자연 현상을 이용하여 1년이 365일임을 알 수 있는 방법은 어떤 것이 있을까?

고대 이집트 사람들은 나일강의 범람이 주기적으로 발생한다는 사실을 알게 되었고 이 주기를 알아냄으로써 1년의 길이를 알 수 있었다.

활동 11. 달의 공전궤도 이심률

1. 실험 자료와 엑셀 프로그램을 이용하여 그래프를 그리시오.

① 달 사진을 촬영한 날을 기준으로 1일 단위로 전환한다.

예) 11월 7일 → 0.8일

② 달의 지름을 자로 잰다.

날짜	일단위	달의 지름
11월 07일	0.8	8.52
11월 08일	1.79	8.52
11월 09일	2.83	8.47
11월 10일	3.84	8.52
11월 11일	4.83	8.47
11월 12일	5.89	8.47
11월 14일	7.81	8.3
11월 15일	8.91	8.24
11월 16일	9.99	8.18

날짜	일단위	달의 지름
11월 17일	10.89	8.07
11월 18일	11.87	7.96
11월 19일	12.88	7.85
11월 20일	13.89	7.79
11월 21일	14.97	7.73
11월 23일	16.28	7.73

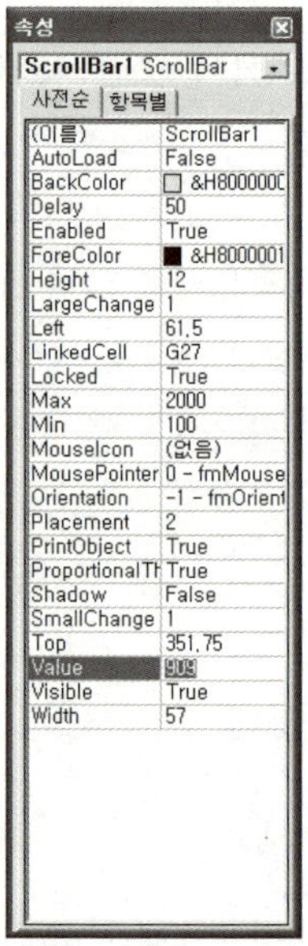

③ 달을 촬영하기 시작한 날을 기준으로 공전각을 계산한다.
엑셀에 '=B3*360/27.32'를 입력한다.

④ X축을 공전각, Y축을 태양의 지름으로 하여 분산형 그래프를 그린다.

⑤ A값과 B값을 설정하기 위하여 오른쪽 공간에 스크롤바를 만들고 최솟값, 최댓값, Linked Cell 값을 입력한다.

⑥ Min, Max에는 소수점 입력이 불가능하다. Min, Max에 큰 값을 입력하고 표시된 값을 1/100 하여 소수점으로 만든다.

⑦ 분산형 그래프에 $D=A+B\cos\theta$를 Fitting하기 위하여
'=$C$21+$C$22*COS(C3*PI()/180)'로 입력하고, 전체 셀에 적용한다.

⑧ 이를 분산형 그래프에 함께 보이도록 하기 위하여 그래프에 오른쪽을 클릭 한 후 [원본 데이터]-[계열]-[추가]를 클릭한다.

⑨ X값에 공전각, Y값에 Fitting 값을 범위로 설정한다.

⑩ 그래프에서 Fitting 자료에 오른쪽 버튼을 클릭한 후 [데이터 계열 서식]-[무늬]를 클릭한다.

⑪ [선]에서 '사용자지정'으로 설정하고, [표식]에서 '없음'을 설정하고 [확인]을 클릭한다.

⑫ A와 B의 스크롤바를 조정하면서 가능한 한 정확하게 Fitting한다.

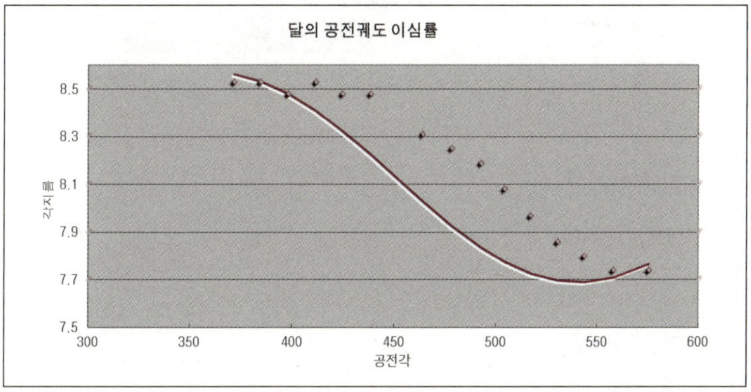

⑬ 그런데 위의 결과를 보면 관측값과 이론값의 공전각이 서로 맞지 않음을 알 수 있다. 이는 우리가 관측을 시작한 날을 기준으로 공전각을 증가시켰지만 실제 달의 공전각의 시작점과 맞지 않기 때문이다. 따라서 공전각을 변화시켜 실제 값과 맞춰주어야 한다.

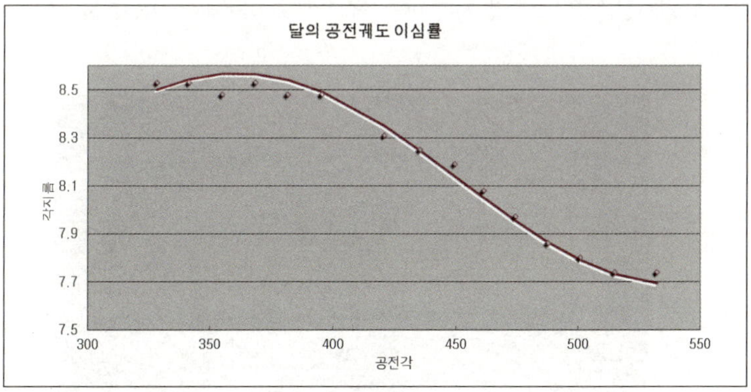

달의 공전궤도에 대한 공전각 반영은

'=$C$21+$C$22*COS((C3+$C$23)*PI()/180)'와 같이 변화시켜 주면 된다. 엑셀의 자료로 실제 타원 궤도도 그려 보자.

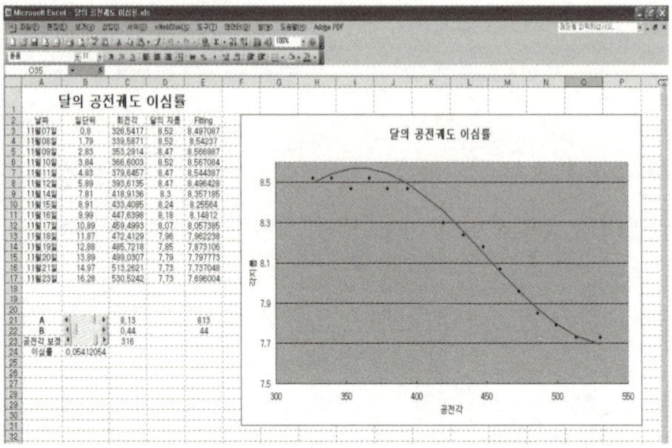

달의 공전궤도 이심률

날짜	일단위	회전각	달의 지름	Fitting
11월07일	0.8	326.5417	8.52	8.497087
11월08일	1.79	339.5871	8.52	8.54237
11월09일	2.83	353.2914	8.47	8.566987
11월10일	3.84	366.6003	8.52	8.567084
11월11일	4.83	379.6457	8.47	8.544387
11월12일	5.89	393.6135	8.47	8.496428
11월14일	7.81	418.9136	8.3	8.357185
11월15일	8.91	433.4085	8.24	8.25564
11월16일	9.99	447.6398	8.18	8.14812
11월17일	10.89	459.4993	8.07	8.057385
11월18일	11.87	472.4129	7.96	7.962238
11월19일	12.88	485.7218	7.85	7.873106
11월20일	13.89	499.0307	7.79	7.797773
11월21일	14.97	513.2621	7.73	7.737048
11월23일	16.28	530.5242	7.73	7.696004
A		8.13		813
B		0.44		44
공전각 보정		316		
이심률	0.05412054			

2. A, B의 값은 얼마인가?

A값은 8.12, B값은 0.44이다.

3. 이심률은 얼마인가?

$$e=\frac{B}{A}=\frac{8.12}{0.44}=0.0542$$

4. 이심률의 오차는?

달의 공전궤도 이심률은 0.0548이므로 0.0006가 오차이다.

5. 다음 근지점과 원지점에 위치한 달 사진이다. 이 사진을 이용하여 이심률을 구하시오.

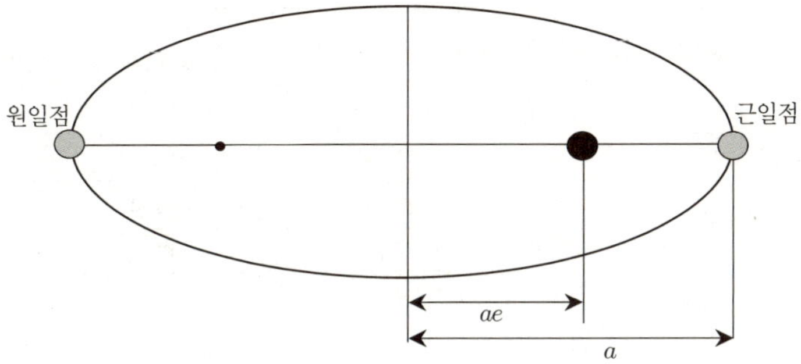

근일점에 위치한 달까지의 거리는 $r_{근}=a-ae$, 원일점에 위치한 달까지의 거리는 $r_{원}=a+ae$ 가 된다.

$l=r\theta$를 적용하면 $l_{근}=r_{근}\theta_{근}$이고 $l_{원}=r_{원}\theta_{원}$이다. 그런데 실제 달의 크기 l은 달의 운동에 상관없이 항상 일정하므로 $r_{원}\theta_{원}=r_{근}\theta_{근}$가 된다.

즉 $(a+ae)\theta_{원}=(a-ae)\theta_{근}$에서 정리하면 $e=\dfrac{\theta_{근}-\theta_{원}}{\theta_{근}+\theta_{원}}$이 된다. (단, θ는 달의 각지름이다.)

위치	근지점	원지점
각지름	25.7mm	22.4mm

$$e=\frac{\theta_{근}-\theta_{원}}{\theta_{근}+\theta_{원}}=\frac{25.7-22.4}{25.7+22.4}=0.0686$$

활동 13. 목성의 질량 구하기

1~5. 관측사진을 이용한 결과는 다음과 같다.

날짜 (월/일/시/분)	시간(H)	이오(mm)	유로파(mm)	가니메데(mm)	칼리스토(mm)
5.02.00:00	0				
5.02.20:40	20.66	+11.3	+23.5	−65.8	+135.8
5.02.21:10	21.16	+15.4	+20.1	−64.1	+135.2

날짜 (월/일/시/분)	시간(H)	이오(mm)	유로파(mm)	가니메데(mm)	칼리스토(mm)
5.02.21:40	21.66	+17.2	+18.7	−63.6	+134.9
5.02.21:51	21.85	+18.0	+18.0	−63.3	+134.8
5.02.22:10	22.16	+18.9	+16.7	−62.4	+134.5
5.02.22:39	22.65	+21.3	+15.7	−61.5	+134.3
5.02.23:19	23.31	+23.1	+13.4	−59.8	+134.2
5.02.23:44	23.73	+24.8	+11.8	−59.2	+134.1
5.05.20:29	92.48	−30.8	+48.6	+78.1	+33.3
5.05.20:43	92.71	−31.0	+48.0	+77.7	+32.6
5.05.21:28	93.46	−30.5	+47.9	+77.6	+31.1
5.05.22:38	94.63	−28.8	+46.6	+77.1	+28.3
5.05.23:22	95.36	−26.8	+46.1	+76.6	+27.3
5.05.23:28	95.46	−26.8	+45.9	+76.5	+26.7
5.08.21:31	165.51	관측 불가	+32.1	−72.5	−106.6
5.08.22:11	166.18	관측 불가	+33.9	−73.4	−107.9
5.08.23:03	167.05	관측 불가	+36.4	−74.1	−109.0
5.08.23:22	167.36	관측 불가	+36.8	−74.3	−109.1
5.08.23:43	167.71	관측 불가	+37.5	−75.1	−110.2
5.09.19:49	187.81	관측 불가	+31.8	−70.7	−128.8
5.09.20:18	188.30	관측 불가	+30.5	−69.9	−129.1
5.09.21:54	189.90	+10.3	+26.0	−67.7	−129.3
5.09.21:59	189.98	+10.6	+25.7	−67.1	−129.5
5.09.22:32	190.53	+13.0	+23.8	−66.3	관측 불가
5.09.22:36	190.60	+13.1	+23.3	−66.1	관측 불가
5.09.22:48	190.80	+13.7	+23.1	−65.8	관측 불가
5.09.22:57	190.95	+14.7	+22.9	−64.7	관측 불가
5.11.19:51	235.85	+22.8	−18.0	+44.1	−126.9
5.11.20:00	236.00	+23.4	−17.5	+44.9	−126.7
5.11.20:20	236.33	+24.1	−16.6	+45.3	−126.5
5.11.20:51	236.85	+25.4	−14.4	+46.2	−126.0
5.11.21:03	237.05	+26.0	−13.7	+47.1	−125.8
5.11.21:47	237.78	+26.7	−11.3	+48.4	−125.3
5.11.22:00	238.00	+27.8	−10.4	+49.6	−124.8
5.11.22:10	238.16	+27.9	−9.9	+49.9	−124.5
5.11.22:19	238.31	+28.4	−9.2	+50.1	−124.4

날짜 (월/일/시/분)	시간(H)	이오(mm)	유로파(mm)	가니메데(mm)	칼리스토(mm)
5.11.22:30	238.50	+28.8	−8.6	+50.5	−123.8
5.11.22:57	238.95	+28.9	−7.3	+51.3	−123.7
5.11.23:04	239.06	+29.8	−6.4	+51.9	−123.7
5.26.20:12	596.20	−19.3	+39.9	+69.1	−126.1
5.26.20:36	596.60	−20.9	+40.5	+70.0	−126.7
5.26.21:01	597.01	−22.3	+41.5	+70.4	−127.1
5.26.21:38	597.63	−23.8	+42.3	+70.8	−127.8
5.26.22:00	598.00	−24.5	+42.8	+71.2	−127.8
5.26.22:27	598.45	−25.6	+43.5	+71.6	−128.0
5.26.22:55	598.91	−26.2	+44.1	+71.8	−128.3
5.26.23:00	599.00	−26.6	+44.2	+71.9	−128.3
5.27.20:05	620.08	+26.7	+14.1	+64.9	−130.6
5.27.20:27	620.45	+27.3	+13.3	+64.4	−130.5
5.27.20:54	620.90	+27.9	+12.1	+64.0	−129.9
5.27.21:07	621.11	+28.2	+11.1	+63.7	−129.8
5.27.21:55	621.91	+28.9	+8.3	+62.7	−129.8
5.27.22:12	622.20	+29.0	+7.3	+61.7	−129.8
5.27.22:29	622.48	+29.8	+6.7	+61.0	−129.7
5.31.20:10	716.16	+10.3	−21.3	−47.7	관측 불가
5.31.20:32	716.53	+8.9	−21.9	−46.7	관측 불가
5.31.21:16	717.26	+6.1	−24.6	−45.5	관측 불가
5.31.21:39	717.65	관측 불가	−25.6	−44.3	+7.7
5.31.21:55	717.91	관측 불가	−26.0	−43.6	+8.4
5.31.22:15	718.25	관측 불가	−26.7	−42.7	+9.2
5.31.22:39	718.65	관측 불가	−28.2	−42.3	+9.6
6.02.20:03	764.05	−12.4	+32.9	+63.0	+90.8
6.02.20:24	764.40	−13.0	+34.1	+63.3	+91.3
6.02.20:41	764.68	−14.4	+34.5	+63.7	+91.7
6.02.21:01	765.01	−16.1	+35.1	+64.0	+91.9

6. 위성 이오(Io)의 주기를 구해 보자.

① 먼저 시간과 거리 데이터를 엑셀로 복사한다.

② 시간을 위상으로 변환하자. 일정한 주기로 일어나는 현상을 시작점을 0으로 주기의 끝을 1로 표현한다.

예) 경과시간이 25h이고 주기가 4h였다면 이는 25/4=6.25가 된다. 즉 6번의 주기가 지나가고 주기의 0.25가 진행되고 있음을 의미한다. 즉 위상은 0.25가 된다. 위상은 "위상=시간/주기-진행된 주기시간"으로 표현되며, 이를 엑셀로 표현하면 "=시간/주기-int(시간/주기)"가 된다. 실제 적용한 결과는 다음과 같다. (단 $는 셀 위치의 절댓값을 의미한다.)

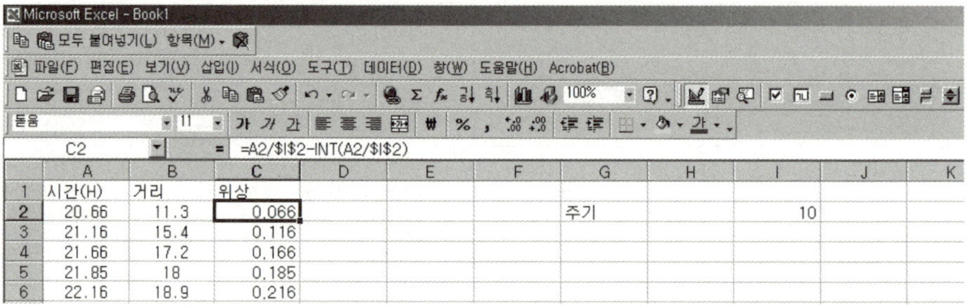

C2 =A2/$I$2-INT(A2/$I$2)

	A	B	C	D	E	F	G	H	I
1	시간(H)	거리	위상						
2	20.66	11.3	0.066				주기		10
3	21.16	15.4	0.116						
4	21.66	17.2	0.166						
5	21.85	18	0.185						
6	22.16	18.9	0.216						

③ 엑셀을 이용하여 X축은 위상, Y축은 위성의 거리로 분산형 그래프를 그린다.

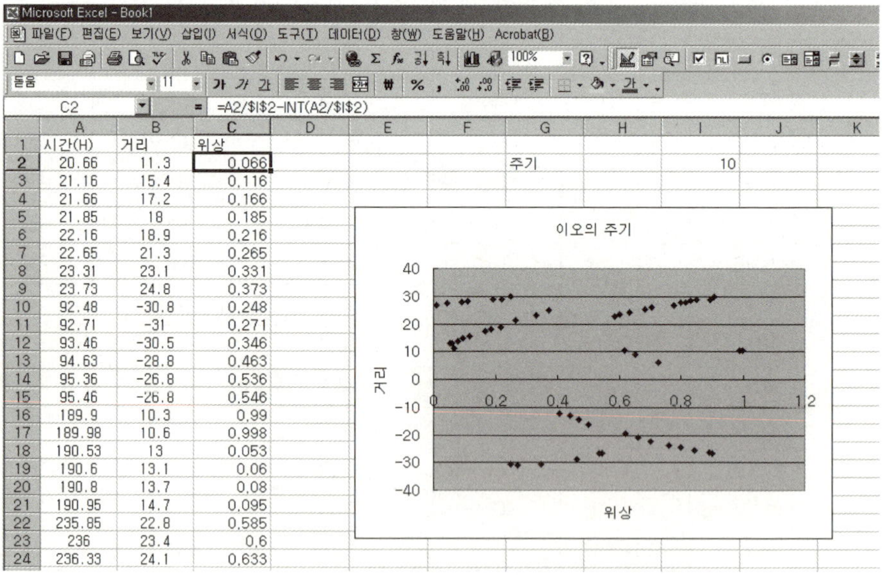

C2 =A2/$I$2-INT(A2/$I$2)

	A	B	C	D	E	F	G	H	I
1	시간(H)	거리	위상						
2	20.66	11.3	0.066				주기		10
3	21.16	15.4	0.116						
4	21.66	17.2	0.166						
5	21.85	18	0.185						
6	22.16	18.9	0.216						
7	22.65	21.3	0.265						
8	23.31	23.1	0.331						
9	23.73	24.8	0.373						
10	92.48	-30.8	0.248						
11	92.71	-31	0.271						
12	93.46	-30.5	0.346						
13	94.63	-28.8	0.463						
14	95.36	-26.8	0.536						
15	95.46	-26.8	0.546						
16	189.9	10.3	0.99						
17	189.98	10.6	0.998						
18	190.53	13	0.053						
19	190.6	13.1	0.06						
20	190.8	13.7	0.08						
21	190.95	14.7	0.095						
22	235.85	22.8	0.585						
23	236	23.4	0.6						
24	236.33	24.1	0.633						

④ 그래프가 완성된 후 주기의 값을 변화시키며 그래프가 sin 곡선의 형태처럼 자연스럽게 될 때까지 반복한다. 그러나 이러한 방법은 많은 시행착오가 필요하게 된다. 보다 편리한 방법으로 개선해 보자.

⑤ 엑셀에서 보기-도구모음-컨트롤 도구상자를 클릭한다. 메뉴 중 스크롤 막대를 클릭한 후 적당하게 사각형을 만든다. 커서를 스크롤 막대에 위치한 후 오른쪽 버튼을 누른 후 '속성'을 선택한다. 여기에서 linkedCell을 해당값이 표현되는 위치인 I2로 설정한다. 그리고 컨트롤 도구상자에서 디자인 모드 끝내기 버튼을 누른다.

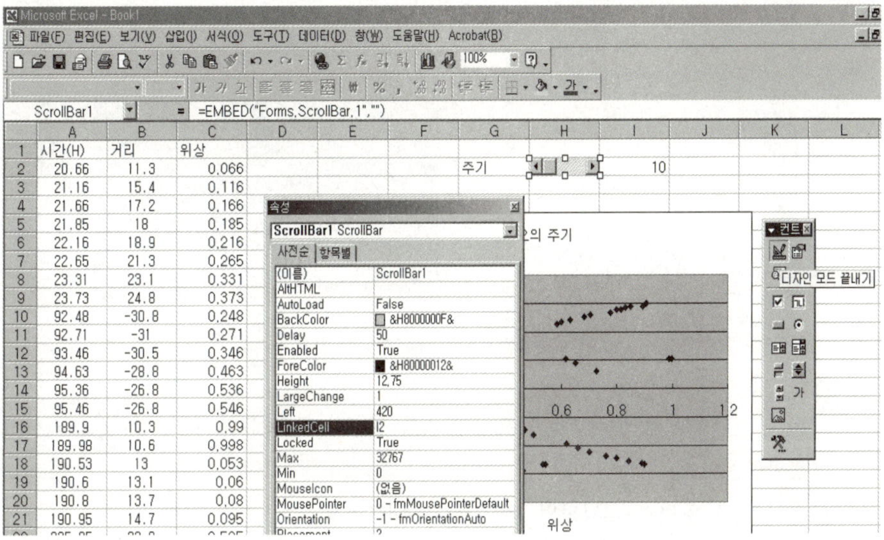

⑥ 이제 버튼을 누름에 따라 주기의 값이 변하고 이에 따라 위상과 그래프가 동시에 변함을 알 수 있다. 천천히 주기를 변화시키며 점들이 자연스럽게 sin 곡선 형태의 그래프가 될 때까지 지속한다.

⑦ 위의 방법을 지속하면 곡선의 1시간 단위의 주기만 결정할 수 있으므로 정확하지 않다. 그러므로 소수점 둘째 자리까지 주기를 결정하는 방법을 알아 보자. 위와 동일한 방법으로 또 하나의 주기를 만든다. 그러나 linkedCell을 K3로 한 후 I3 셀에 "=K3/100"으로 설정한다. 즉 버튼을 눌렀을 때 값들이 K3에 표시되며 I3 셀에 K3의 값을 100으로 나눈 값을 사용한다는 의미이다. 이제 0.01 단위의 소수점 주기가 완성되었다. 다음은 1시간 단위의 주기와 0.01 단위 소수점 주기를 합하여 결정 주기를 완성한다. 물론 위상의 수식에서 결정주기가 표현된 I4로 바꾸어 주어야 한다.

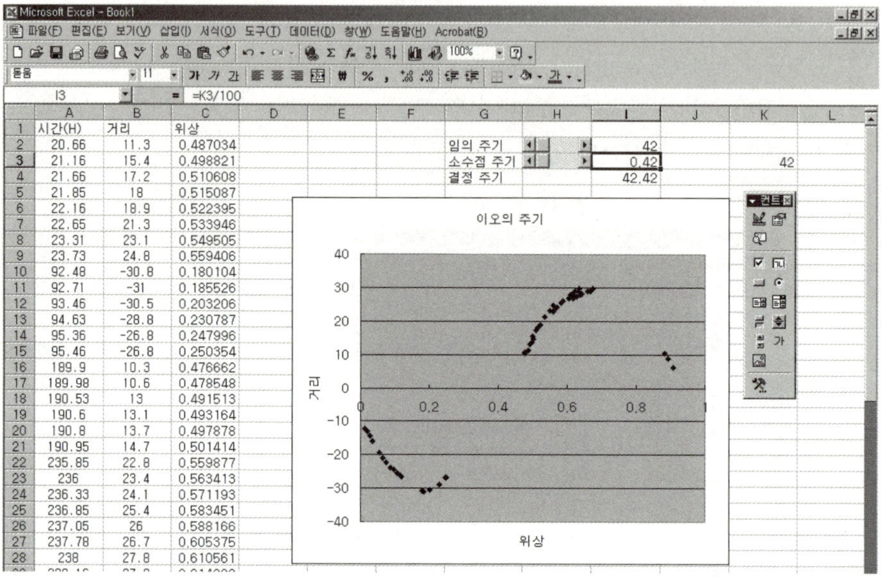

⑧ 1h 단위의 버튼을 눌러 대략적으로 주기를 결정한 후 소수점 주기 버튼을 눌러 0.01 단위의 정확한 주기를 결정한다.

⑨ 위와 같은 방법으로 결정된 주기는 다음과 같다.

	이오	유로파	가니메데	칼리스토
주기P(Hour)	42.46	85.35	171.71	400.0

7. 이제 긴반지름을 구해 보자. 긴반지름은 그래프의 극댓값이나 극솟값 중 절댓값이 가장 큰 값이 긴반지름이다.

	이오	유로파	가니메데	칼리스토
긴반지름(mm)	31	49	79	135

8. 위성의 긴반지름을 km 단위로 변환하자.

(단 사진에서 1mm당 각거리는 3.634″이고, 관측기간의 지구에서 목성까지의 거리는 5.248AU=7.87×108km이었다.)

	이오	유로파	가니메데	칼리스토
긴반지름(mm)	31	49	79	135
긴반지름 각거리(″)	112.66″	178.08″	287.11″	490.64″
긴반지름(km)	430,060	677,898	1,092,938	1,867,679

9~10. 케플러 제3법칙을 이용하여 각 위성에 대한 목성의 질량을 구해 보자.

$$M=\frac{4\pi^2}{G}\times\frac{a^3}{P^2} \qquad (G=6.67\times10^{-11}\mathrm{N\cdot m^2kg^{-2}})$$

이오의 주기P는 42.46h이고, 긴반지름 a=430,060km이므로

$$M=\frac{4\pi^2}{G}\times\frac{a^3}{P^2}=\frac{4\pi^2}{6.67\times10^{-11}\mathrm{N\cdot m^2kg^{-2}}}\times\frac{(4.3\times10^8\mathrm{m})^3}{(42.46\mathrm{h}\times60\mathrm{m}\times60\mathrm{s})^2}$$

$$=2.01\times10^{27}\mathrm{kg}$$

그리고 4개 위성의 평균값을 구해보고, 천문학자가 측정한 목성의 질량 1.9×10^{27}kg과 비교하여 오차를 구해 보자.

	이오	유로파	가니메데	칼리스토	평균	오차
목성의 질량(10^{27}kg)	2.01	1.95	2.02	1.86	1.96	?

[지도상 유의점]

- 사진에서 위성의 위치를 결정할 때 학생들이 분담하여 협동학습을 실시하고, 이후 4개의 조로 편성하여 조별로 하나의 위성에 대하여 주기와 거리, 질량을 계산하여 서로 비교해 보도록 한다. 그리고 실험과정에 동반되는 수식의 해석에 지나치게 연연하지 않도록 한다.

07 케플러의 법칙 찾아내기

실험 2. 케플러 제1법칙 찾아내기

1. 수성, 금성, 화성의 긴반지름을 AU 단위로 구해 보자.

행성	수성	금성	화성
긴반지름(AU)			

2. 수성, 금성, 화성의 이심률 $\left(e=\frac{ae}{a}\right)$을 구해 보자.

행성	수성	금성	화성
이심률			

3. 표는 태양에서 각 행성까지의 거리를 나타낸 것이다. 태양-행성의 거리를 하나의 관계식으로 표현해 보자.(이 관계식을 티티우스-보데의 법칙이라 한다.)

행성	수성	금성	지구	화성	소행성	목성	토성	천왕성
태양-행성 거리(AU)	0.4	0.7	1.0	1.6	2.8	5.2	10	19.6

0.4 0.7 1 1.6 2.8 5.2 10 19.6

0.3 0.3 0.6 1.2 2.4 4.8 9.6

2 2 2 2 2

위 수열은 등비수열이고, $b_n=0.3\times2^{n-1}$이다.

여기에서 0.4는 수열과 잘 맞지 않으므로 제외하고 생각하자.

$$a_n=0.7+0.3\sum_{k=0}^{n-1}2^{k-1}=0.7+\frac{0.3(2^n-1)}{2-1}=0.7+0.3\times(2^n-1)$$

$$=0.4+0.3\times2^n$$

(∵ 수열식에서 $a_n=ar^{n-1}$, $S_n=\frac{a(r^n-1)}{r-1}$의 관계가 있다.)

$n=-\infty$ $a_1=0.4$ 수성

$n=0$ $a_2=0.7$ 금성

$n=1 \quad a_3 = 1$ 지구

$n=2 \quad a_4 = 1.6$ 화성

$n=3 \quad a_5 = 2.8$ 소행성

$n=4 \quad a_6 = 5.2$ 목성

$n=5 \quad a_7 = 10$ 토성

$n=6 \quad a_8 = 19.6$ 천왕성

4. 위 실험에서 가정한 사실은 무엇인가?

지구의 공전궤도는 원이다. 즉 지구는 태양을 중심으로 원운동을 하고 있다.

5. 문제4의 가정을 케플러 시대에는 어떻게 알 수 있었을까?

케플러 시대에는 지구가 거의 원운동을 하고 있다는 사실을 알고 있었다. 아마 태양의 크기 변화를 지속적으로 관찰한 후 지구의 크기가 거의 일정함을 알고 원운동을 하는 것이라고 추측하였을 것이다.

실험 3. 지구는 원운동을 할까? 타원운동을 할까?

1. 완성된 동영상을 살펴보며 태양을 자세히 살펴보자. 어떤 특이한 현상이 발견되는가?

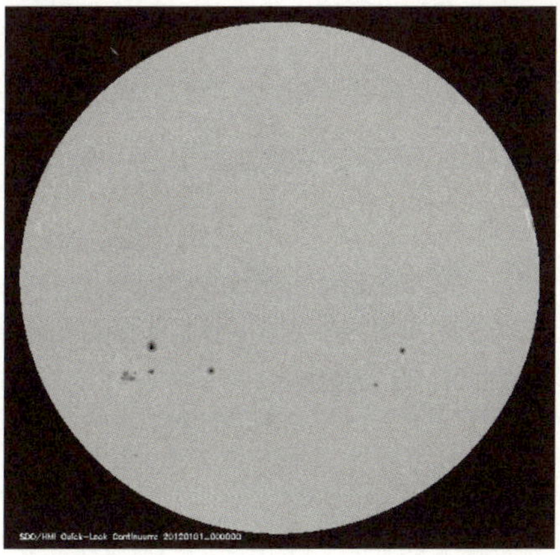

앞의 과정을 수행하면 동영상이 만들어지고, 이를 클릭하면 태양의 크기가 작아졌다 커졌다 변화한다.

2. 문제1에서 이러한 현상이 나타나는 이유는 무엇일까? 그리고 이것은 무엇을 의미하는가?

태양과 지구 사이의 거리가 변하기 때문이다. 즉 지구가 태양 주위를 타원운동하고 있음을 알 수 있다.

3. 위 사진을 이용하여 어떻게 지구 공전 궤도 이심률을 구할 수 있을까?
(단, 지구의 이심률은 0.0167이다.)

동영상에서 태양의 크기가 가장 클 때(근일점, 12월 25일)와 가장 작을 때(원일점, 6월 25일)의 사진을 고른다.

$$e=\frac{L_{근}-L_{원}}{L_{근}+L_{원}}=\frac{175\text{mm}-170\text{mm}}{175\text{mm}+170\text{mm}}=0.02$$

실험 4. 엑셀을 이용한 행성의 운동 시뮬레이션하기

1. 내행성과 외행성의 거리 분포를 보고 느낀 점을 말해보자.

외행성의 간격이 내행성에 비해 거리가 매우 크기 때문에 외행성의 궤도를 볼 경우 내행성을 구분할 수 없을 정도이다.

2. 거리에 따른 행성의 속도는 어떤 경향이 나타나는가?

내행성은 짧은 거리를 빠르게 움직이고, 외행성은 먼 거리를 느리게 움직이므로 내행성의 공전 주기가 짧아 많은 횟수를 공전하고 있음을 알 수 있다.

3. [과제] 위 실험은 행성이 원운동을 하는 경우를 나타낸 것이다. 위와 동일한 방법을 이용하여 행성이 타원운동을 할 때의 시뮬레이션을 해보자.

실험 5. 케플러 제3법칙은 어떻게 발견할 수 있을까?

1. 각 행성의 회합주기는 얼마인가?

행성	수성	금성	지구	화성	소행성	목성	토성	천왕성
회합주기(일)	116	584	–	780	469	399	378	370

2. 각 행성의 회합주기를 이용하여 행성의 공전 주기를 구해 보자.

행성	수성	금성	지구	화성	소행성	목성	토성	천왕성
공전주기(년)	0.24	0.62	1.0	1.88	4.6	11.86	29.46	84.07

다음 회합주기를 이용하여 행성의 공전주기를 구할 수 있다.
(지구의 공전주기 $E=365.2425day$이다.)

$$\text{내행성}\quad \frac{1}{S}=\frac{1}{P}-\frac{1}{E}\qquad S=\frac{PE}{E-P}$$

$$\text{외행성}\quad \frac{1}{S}=\frac{1}{E}-\frac{1}{P}\qquad S=\frac{PE}{P-E}$$

3. 다음 표는 각 행성과 태양까지의 거리를 나타낸 것이다. 엑셀을 이용하여 태양–행성 거리와 공전주기의 관계식을 유도해 보자.

행성	수성	금성	지구	화성	소행성	목성	토성	천왕성
태양–행성 거리(AU)	0.4	0.7	1.0	1.5	2.8	5.2	9.5	19.1

엑셀 그래프에서 추세선을 확인하면 $\log P=1.4927\log a$가 얻어지고, 이는 대략 $\log P=1.5\log a$임을 알 수 있다.

이를 정리하면 $\log P=\frac{3}{2}\log a=\log a^{3/2}$가 되고, $P=a^{3/2}$이 됨을 알 수 있다.

저자소개

최 승 언

현: 서울대학교 사범대학 지구과학과 교수(1985~)
서울대학교 관악영재교육원 원장(2008~2016)
전: 서울대학교 과학영재교육센터 원장(2001~2006)
한국지구과학회 회장(2011)

홈페이지
개 인: http://suchoe.snu.ac.kr
연구실: APHESE(새지평 과학교육연구 공동체) http://cafe.naver.com/apheese

지 명 근

공주대학교 지구과학교육과 졸업(1993)
서울대학교 교육대학원 과학교육과 졸업(2005)
경기과학고등학교 근무(2002-2010)

현: 고잔고등학교 근무

질문이 이어지는 천문 실험 활동
- 태양계를 중심으로 -

2016년 1월 20일 1판 1쇄 발행
2017년 3월 25일 1판 2쇄 발행

공저자 : 최승언 · 지명근
발행자 : 한 정 주
발행처 : 교육과학사

경기도 파주시 광인사길 71
전화(031)955-6956~8/팩스(031)955-6037
Home-page : www.kyoyookbook.co.kr
E-mail : kyoyook@chol.com
등록 : 1970년 5월 18일 제2-73호

공저자와 협의하에 인지생략

낙장 · 파본은 교환해 드립니다.
Printed in Korea.

정가 13,000 원
ISBN 978-89-254-1014-2